内容简介

本书从"双碳"背景下污水处理行业面临的机遇和挑战出发,系统性地分析了我国污水厂碳排放分布情况,低碳路线中的关键问题并量化了污水处理行业碳价值。书中详细对比了污水处理工艺碳排差异以及降碳潜力,基于未来低碳运维和零碳模式的技术需求,完善了碳排边界构建、数据挖掘方法,提出了基于底层和应用层模型的实时碳计量体系。同时,以典型案例污水厂为突破口,对污水厂能源自给方法、碳汇路径、碳流优化方式、污水厂碳汇价值及其实现方式进行了全面的论述,提供了构建零碳水厂的关键技术方法。

本书可用作设计咨询行业人员、水务运行及管理人员、污水处理技术人员等的岗位培训材料,也可用作给排水、环境工程教学过程中的参考用书。

图书在版编目(CIP)数据

污水处理厂碳排放计量及碳流优化技术体系／许铁夫,王鸿程著. --重庆:重庆大学出版社,2025.1.
ISBN 978-7-5689-4987-3

Ⅰ. X511;X505

中国国家版本馆 CIP 数据核字第 2025UH0291 号

污水处理厂碳排放计量及碳流优化技术体系
WUSHUI CHULICHANG TANPAIFANG JILIANG JI TANLIU YOUHUA JISHU TIXI

许铁夫 王鸿程 著
策划编辑:林青山

责任编辑:夏 雪 版式设计:夏 雪
责任校对:王 倩 责任印制:赵 晟

*

重庆大学出版社出版发行
出版人:陈晓阳
社址:重庆市沙坪坝区大学城西路 21 号
邮编:401331
电话:(023) 88617190 88617185(中小学)
传真:(023) 88617186 88617166
网址:http://www.cqup.com.cn
邮箱:fxk@ cqup.com.cn(营销中心)
全国新华书店经销
重庆升光电力印务有限公司印刷

*

开本:720mm×1020mm 1/16 印张:14.75 字数:205 千
2025 年 1 月第 1 版 2025 年 1 月第 1 次印刷
ISBN 978-7-5689-4987-3 定价:88.00 元

污水处理厂碳排放计量
及碳流优化技术体系

Carbon Emission and Flow Management in Wastewater
Treatment Plants: Measurement, Accounting, and Optimization

许铁夫　王鸿程　著

重庆大学出版社

前　言

　　随着各国"双碳"目标的确立,降碳已成为未来全球各行业发展的生态基础,"双碳"目标的实施甚至将改变现有产业逻辑形成"双碳"经济。以中国为例,至 2035 年,双碳转型将形成 135 万亿规模的市场,促使各行各业发生深刻的变革。作为社会循环和自然循环的交接点,污水处理过程往往伴随着高能耗和高碳排,污水处理过程占全社会碳排的 1%~2%,环保设施不低碳已经成为行业的痛点。近年来很多研究都关注于污水处理过程碳排的产生原因和降碳路径,并提出许多污水厂碳排核算的方法,但由于污水厂碳排数据的实时获取难度大,运行数据与碳信息难以完全匹配,很多污水厂甚至存在碳排边界划分不清晰等问题,使得在污水处理的实际运维中,几乎无法依靠实时碳排数据反馈至控制端进行调控,因此也难以开发出污水处理低碳运维模式。基于此,亟需开发污水处理厂碳排放计量方法体系,用以实时优化工艺碳流,真正能够在运维过程实现减碳、降碳,形成低碳运维策略甚至零碳模式。

　　本书以"双碳"背景下污水处理行业面临的机遇和挑战为背景,通过大量的调研和分析明确了我国污水厂碳排放分布情况以及低碳路线中的关键问题,并量化了污水处理行业的碳价值。本书是作者在博士后期间主要工作的基础上,结合近年来的研究和实际工程案例撰写的。书中指出了我国污水处理工艺碳排差异以及降碳潜力,完善了碳排边界构建、数据挖掘方法,提出了基于底层和应用层模型的实时碳计量体系,这可以作为未来污水处理碳价值实现的核算工具。同时,本书以典型案例污水厂为突破口,对我国污水厂能源自给方法、碳汇路径、碳流优化方式、污水厂碳汇价值及其实现方式进行了全面的论述,提供了构建低碳或零碳水厂的关键技术方法。未来以低碳/零碳为目标的新型污水厂的出现,将使污水处理行业出现根本性变革,至少将带来 2 500 亿元的投资,并产生新的设计运维模式,低碳将成为污水处理行业新的目标和价值出口。因此,本书的撰写旨在力图填补行业发展的关键技术方法和理论空白,促进污水处理行业的低碳化转型。

限于作者水平和经验有限,书中难免有不足和纰漏之处,敬请读者批评指正。

许铁夫

2024 年 12 月

目　录

第 1 章

绪　论

　　气候变化是人类面临的重要威胁之一。2015 年 12 月,各国在《巴黎协定》中承诺,把全球平均气温上升控制在较工业化前不超过 2 ℃之内,并争取控制在 1.5 ℃之内,并在 2050—2100 年实现全球"碳中和"目标,即温室气体的排放与吸收之间的平衡。各国需制定碳排放减排目标,即"国家自主贡献"(Nationally Determined Contribution, NDC),每 5 年更新一次减排进展。这一任务的提出不仅仅是针对环境问题、气候问题,同时也需要对全球生产方式、社会发展权进行一种变革,碳中和背后是国家的竞争、产业的竞争、科技的竞争,如何在全社会尺度下实现碳循环的最佳模式已经成为我们不得不面对的问题。

　　实现《巴黎协定》所设立的目标十分紧迫,根据联合国政府间气候变化专门委员会(Intergovernmental Panel on Climate Change, IPCC)的报告(2018),要实现不超过 2 ℃的目标,全球须在 2070 年前后达到碳中和;要实现不超过 1.5 ℃的目标,须在 2050 年前后达到碳中和。联合国把 2050 年实现碳中和作为当前最重要的工作。《联合国气候变化框架公约》要求缔约方在 2020 年之前通报本世纪中叶长期温室气体低排放发展战略。因此,从2018 年开始各国纷纷作出碳中和承诺,多数把目标设在 2050 年。截至 2020年 12 月,许多国家已宣布净零排放的意向及目标,其中 6 个国家已完成立法规范在 2050 年达到净零排放,包括英国、法国、丹麦、瑞典(2045 年)、新西兰、匈牙利;6 个国家或地区已提出立法草案,分别为欧盟、加拿大、韩国、西班牙、智利、斐济。另外有 14 个国家已将碳中和纳入政策议程。各国/地区碳中和目标实施计划见表1.1。

表 1.1　各国/地区碳中和目标实施计划

国家/地区	目标	
	年	状态
阿根廷	2050	向联合国气候变迁纲要公约提交计划
澳大利亚	2050—2100	承诺达成《巴黎协定》
奥地利	2040	政治协议达成
比利时	2050	纳入政策议程
巴西	2060	向联合国气候变迁纲要公约提交计划
加拿大	2050	政策讨论
中国	2060	纳入政策议程
智利	2050	讨论中
哥斯达黎加	2050	纳入政策议程
丹麦	2050	已立法
埃塞俄比亚	2025 或 2030	纳入政策议程
欧盟	2050	政治协议达成
斐济	2050	承诺达成《巴黎协定》
芬兰	2035	政治协议达成
法国	2050	已立法
匈牙利	2050	已立法
冰岛	2040	纳入政策议程
德国	2050	已立法
爱尔兰	2050	政治协议达成
日本	2050	纳入政策议程
哈萨克斯坦	2060	向联合国气候变迁纲要公约提交计划
马绍尔群岛	2050	承诺达成《巴黎协定》

续表

国家/地区	目标	
	年	状态
尼泊尔	2050	承诺达成《巴黎协定》
新西兰	2050	已立法
葡萄牙	2050	纳入政策议程
挪威	2050（实际） 2030（补偿）	纳入政策议程
苏格兰	2045	已立法
新加坡	2050—2100	向联合国气候变迁纲要公约提交计划
斯洛伐克	2050	纳入政策议程
南非	2050	纳入政策议程
韩国	2050	纳入政策议程
西班牙	2050	立法中
瑞典	2045	已立法
瑞士	2050	纳入政策议程
英国	2050	已立法
乌拉圭	2030	承诺达成《巴黎协定》
梵蒂冈	2050	向联合国气候变迁纲要公约提交计划

自我国提出"3060"碳中和目标以来，各行业均将碳中和作为未来发展的关键性因素，党中央、国务院已经成立了碳达峰碳中和工作领导小组，开始制定碳达峰碳中和时间表、路线图、"1+N"政策体系，电力、化工等碳排占比较高的行业陆续制定了行业碳达峰碳中和行动计划。碳达峰和碳中和正深刻地影响着中国的产业格局，并将带动产业升级和社会转型。在"全球财富管理论坛 2021 北京峰会"上，中国气候变化事务特使解振华透露："如果中国实现碳中和目标，大体上需要 136 万亿元人民币投入，这将是一个巨大

的市场。"以此计算,未来碳中和及相关产业占比将在 GDP 的 5%以上。参考西方各国碳中和相关路径及方案,对我国实现碳中和发展具有重要的指导意义,同时也将给水行业的未来发展带来启示。

1.1　各国碳中和路径及方案

1.1.1　德国碳中和主要政策内容

德国早在 1990 年前就实现了碳达峰。从 2000 年至 2019 年,德国的碳排放强度从 8.544 亿 t 降到 6.838 亿 t,降幅近 20%。2019 年 5 月,德国宣布成立煤炭退出委员会,制定了最迟到 2038 年逐步退出燃煤发电的计划。2019 年 9 月 20 日,德国联邦政府内阁通过了《气候行动计划 2030》,并于 2019 年 11 月 15 日在德国联邦议院通过了《德国联邦气候保护法》,通过立法确定了德国到 2030 年温室气体排放比 1990 年减少 55%,到 2050 年实现净零排放的中长期减排目标。而欧盟范围内的统一政策目标又进一步刺激德国考虑将到 2030 年的减排目标提高到 65%。

德国联邦政府在 2008 年至 2016 年先后制定并发布了"德国适应气候变化战略"、"适应行动计划"《气候保护规划 2050》等一系列国家长期减排战略、规划和行动计划,以此框定目标、取得共识。2017 年至 2020 年陆续通过了《可再生能源法》《德国联邦气候保护法》和《国家氢能战略》等一系列法律法规增强约束力,进而再落实具体行动计划。2019 年通过了《气候行动计划 2030》,对每个产业部门的具体行动措施做了明确规定。

作为落实《德国联邦气候保护法》的重要行动措施和实施路径,《气候行动计划 2030》将减排目标在建筑和住房、运输、农业、林业、能源、工业以及其他领域进行了目标分解,明确了各个产业部门在 2020 年到 2030 年的刚性年度减排目标,规定了部门减排措施、减排目标调整、减排效果定期评估的法律机制。其主要实施方法包含以下几个方面:

（1）强有力的法律保障和完备的监管机制

德国的政策首先注重对碳定价的政策设计，这是基于德国总体经济利益和确保其长期竞争力的考虑而制定的。通过碳定价激励企业采取积极措施主动进行碳减排，并将碳减排纳入与企业经营绩效直接关联的实际策略。德国对气候保护的产业政策和技术研发给予积极的财政投入，从整个经济系统、能源系统和科技系统拉动企业采取积极措施响应碳减排的战略目标。

《德国联邦气候保护法》确保《气候行动计划 2030》在实施过程中实现最大限度的公开透明。该法律对所有部门均规定了年度温室气体排放限值，并计算各行业每年温室气体排放水平，由独立的气候问题专家委员会负责审查数据，超过限值将会受到相应处罚。

（2）通过政企合作的方式加强在环境保护方面的技术研发投入

德国环境保护的科技研发投入主要在 3 个方面，分别是电池单元的研发、氢能源的现代利用，以及合成燃料的普及。除了进行投资，还通过国家政策及与企业的积极合作，共同促进科技的研发。

（3）注重森林和草原的保护，提高生物碳汇能力

德国联邦政府注重对森林和木材使用的保护和可持续管理、农业的能源效率、耕地腐殖质的保存和形成、永久草原的保护、保护沼泽土壤/减少堆肥中使用泥炭，提高生态系统碳汇能力。

1.1.2　英国碳中和路径及方案

英国早在 1972 年就已经实现本土碳达峰，2008 年正式颁布《气候变化法案》，确定了到 2050 年将温室气体排放量比 1990 年减少 80% 的长期减排目标，成为世界上首个以法律形式明确中长期减排目标的国家。在法案通过后的 10 年间，英国温室气体减排初具成效，2018 年比 2008 年下降了 30%。

2019 年 6 月,英国提出了《2050 年目标修正案》,正式确立到 2050 年实现温室气体净零排放。2020 年 11 月宣布一项涵盖 10 个方面的"绿色工业革命"计划,包括大力发展海上风能、推进新一代核能研发和加速推广电动车等。2020 年 12 月宣布最新减排目标,承诺到 2030 年英国温室气体排放量与 1990 年相比,至少降低 68%。

英国签署《巴黎协定》后,加快了迈向碳中和的步伐。以 2008 年《气候变化法案》及 2019 年《2008 年气候变化法案(2050 年目标修订案)》为核心的一系列政策框架,规定了英国 2050 年实现碳中和的社会目标。在电力、能源、交通等五大领域制定了更具体的举措和十个战略子目标,在国内 2050 年或更早实现公司运营绝对零碳排放;实现上游油气生产绝对零碳排放;实现产品碳排放强度低于 50%,并实现主要油气加工现场实现甲烷排放检测,且保证透明。在外部,将资源用于积极宣传气候政策,例如通过碳价等鼓励员工实现低碳,并在员工年度奖励中体现气候因素并重新审视国际贸易联盟,并适时退出,支持气候变化相关财务信息工作组等组织信息披露,成立帮助国家、城市和公司去碳的团队。在具体实施中,英国主要采用以下的路径和方法:

①英国加速淘汰燃煤发电,同时扩大清洁能源发电规模,转变能源发电结构。英国是工业革命的发源地,1980 年以前,约有一半以上的电力供应来自煤炭。英国政府制定了到 2025 年完全淘汰燃煤发电的目标。截至 2020 年年底,英国只剩 4 座燃煤电站在运行,其中 2 座已宣布分别将于 2021 年和 2023 年停运的计划。2017 年 4 月 21 日,英国从工业革命以来历史上第一天没有使用燃煤发电;2020 年,英国共 67 天没有使用燃煤发电。要实现 2050 年的净零碳排放目标,需要提高低碳电力的比例,可再生能源发电量需要达到目前的 4 倍。其中,风力发电和太阳能发电是核心,政府计划 2030 年海上风力发电规模扩大 4 倍。英国政府还将成立部长协调组,召集政府相关部门,监督确保可再生能源发电规模的扩大。此外,核能以及经碳捕获、利用与封存(Carbon Caputure Utilization and Storage,CCUS)处理的天然气和氢能

在英国未来电力燃料来源中都将占一定比重。

②英国绿色投资银行私有化提高社会资本撬动比例。2012年,英国绿色投资银行由英国政府全资设立,成为全球第一家绿色投资银行。2016年,为吸引私人资本参与绿色投资,英国政府启动英国绿色投资银行的"私有化"进程,将其以23亿英镑出售给澳大利亚麦格理集团,并更名为"绿色投资集团",此后通过发行绿色债券等方式筹集资本。目前,绿色投资集团除了传统业务,还同时开展绿色项目实施和资产管理服务、绿色评级服务、绿色银行顾问服务、绿色领域的企业兼并重组等多项新业务。

③英国推动低碳农业生产技术、细化低碳农业激励政策,助力农业碳减排。为了助力英国农业部门在2040年之前实现农业零碳排,英国气候变化委员会从如下3个层面提出了以技术为关键杠杆的方法框架:

a.通过多种措施,实现在提高农业生产力的同时减少碳排放;

b.种植树木,保护和修复土壤,增强农田的碳吸收能力与储量;

c.增加可再生能源和生物能源的使用,以及通过自行种植芒属植物等生物能源作物,实现能源的自给自足。

此外,英国还在尝试通过增加市场激励措施的方式,鼓励农业从业者更积极地参与,并支持更多的在环境土地管理方面的市场投资。具体措施包括:

a.向农业和林业提供选择性的资金补贴,奖励包括碳管理在内的公益服务;

b.鼓励培训并使用碳盘查、碳审计和减排规划工具,并根据可证实的环境改善成果来提供补贴或激励款项;

c.增强对农业问题的研究投入,启动更多的试点计划,同时为农民提供高质量和可信赖的信息咨询、培训和指导服务,提升农民对低碳农业措施的接受度,推动农民网络组织的形成和有关倡议的发起。

1.1.3 欧盟碳中和路径及方案

在欧盟完整的体系法规约束下,欧盟的碳减排速度较为突出,欧盟整体于 1990 年实现了碳达峰,时间横跨约 20 年。尽管在 2011 年欧盟委员会就提出了针对 2050 年的低碳路线展望,但直到 2018 年 11 月,碳中和的愿景才被首次提出。2050 年碳中和的目标确立,主要经历了 3 个阶段。第一阶段:2011 年,欧盟委员会提出了到 2050 年实现具有竞争力的低碳欧洲路线图,按其执行,欧盟能够实现国际上议定的 80%~95% 的温室气体减排目标;第二阶段:欧盟委员会于 2018 年 11 月提出了气候中性欧盟的愿景;第三阶段:欧洲理事会于 2019 年 12 月批准了 2050 年前使欧盟达到气候中和的目标。欧盟于 2020 年 3 月向联合国气候变化框架公约(United Nations Framework Convention on Climate Change, UNFCCC)提交了其长期战略。

欧盟是碳中和理念提出较早,且相关法律体系最完善的大型经济体,它对不同时间设有阶段性的减排规划。欧盟在 2007—2020 年陆续提出《2020 年气候和能源一揽子计划》《2030 气候与能源政策框架》《2050 长期战略》《欧洲绿色协议》和《欧盟氢能战略》等政策,设定了在不同阶段应达到的目标,并在交通、建筑、能源等 7 大领域提出了具体举措,具体包括:

(1)拥有全球最成熟的 ETS,依照双线监管框架进行碳排放管理

欧盟碳排放交易系统(The EU Emission Trading System, EU-ETS)成立于 2005 年,是世界上第一个国际排放交易体系,也是全球最主要和规模最大的碳交易市场。欧盟自 2005 年引入 EU-ETS,它一直是欧盟节能减排的重要基础。EU-ETS 是限额交易系统,该系统允许对排放配额进行交易,从而使总排放量保持在上限之内。这一上限将伴随时间推移逐步下调,以保障欧盟可以顺利实现阶段性的减排目标。鉴于欧盟整体构成较为复杂,因此欧盟从行业和国家两个维度对减排目标开展监管。欧盟将温室气体排放分为两类,见表 1.2。

表 1.2 欧盟温室气体分类

分类	第一类	第二类
涵盖行业（不分国别）	能源、工业和航空行业	除能源、工业和航空行业以外的行业
减排方式	通过 ETS 交易实现	仅对成员国设定排放监管总量
占欧盟总碳排放量	40%	60%

（2）设立碳税，驱动欧洲各国积极减排

欧盟碳税起步早、机制全面。1990 年，芬兰成为全球第一个推出碳排放税的国家，随后波兰、瑞典、挪威、丹麦等国也都相继实施全国范围内的碳税，几乎所有欧洲国家的碳税均实现了对重排放行业的覆盖。欧洲碳税趋严，碳税价格上涨，豁免逐渐减少。从碳税出台至今，欧洲各国碳税整体呈上升趋势。部分国家制定了碳税提升目标，通过税率提升来推动减排和低碳转型。欧洲各国对部分行业碳税免征都有重新调整，相应地减少或取消豁免。在欧洲 2050 年气候中和的目标下，预计未来各国碳税力度将继续加大。

（3）制定氢能战略"三步走"，推动欧盟能源转型

加速能源转型，推动气候友好型氢能的发展。欧盟实现气候目标的主要手段是寻找替代能源并推广其应用场景，不断以可再生能源为核心替代化石能源；提高电气化程度，发电行业的主要转型路径包括提高发电比例，并采用光伏、潮汐与核能并重的模式；推进氢能、电制气技术进步，实现电力与其他能源的整合。

氢能战略实施的三大支柱包括：第一，构建以能效为核心的、更易于"循环"的能源系统，更有效地利用本地能源，同时最大限度地实现当地工厂、数据中心等排放出的废热及由生物废物或废水处理厂产生的能源的再利用；第二，在终端领域大力推进电气化，打造一个百万数量级的电动汽车充电桩

网络;第三,对于难以实现电气化的领域,用可再生氢能、可持续生物燃料和沼气替代。虽然在短期和中期,这个过渡框架还离不开化石能源,但借助低碳氢过渡可以快速减少排放,并支持经济的发展,这从长远和总体上可以减少污染排放。

1.1.4　美国碳中和路径及方案

美国于 2000 年实现碳达峰,美国气候政策受制于两党制博弈,多次出现反复。1992 年 10 月通过了《联合国气候变化框架公约》,但是该公约没有明确的减排目标。1993 年 10 月宣布了《气候变化行动方案》,确定了 2000 年把美国温室气体排放量减少到 1990 年水准的目标。2001 年 3 月政府宣布单边退出《京都议定书》,确立到 2025 年美国将遏止温室气体排放继续增长的态势。2008 年确定了以总量减排方式为美国设定了温室气体减排的具体目标和时间表,计划到 2020 年把美国的温室气体排放降低到 1990 年的水平,随后还提出 2030 年使所有新建建筑物的碳排放保持不变或零排放。

2017 年 6 月宣布正式退出《巴黎协定》。2021 年美国政府宣布重返巴黎协定,制定一系列行业措施以应对气候变化,推动碳中和进程,试图弥补政府在气候政策方面的缺失。

美国在碳中和的进程中始终保持推进。美国温室气体排放控制法案的蓝本是 1963 年的《清洁空气法案》,该法案沿用至今。从 1992—1999 年,美国政府出台了《联合国气候变化框架公约》《1992 年能源政策法》《全球气候变迁国家行动方案》《气候变化行动方案》《2005 年能源政策法案》和《2007 年能源独立和安全法案》等,综合评估了美国温室气体排放情况,制定了温室气体减排的政府行动计划,不断推动节约能源,提升能源使用效率,促进可再生清洁能源使用及国际能源合作。

在美国计划退出《京都议定书》和《巴黎协定》期间,《能源政策法》《低碳经济法》《美国清洁能源与安全法案》以及"电力计划"和《总统气候行动计划》陆续出台,制定了一系列有关低碳经济发展的法规与激励措施,对提

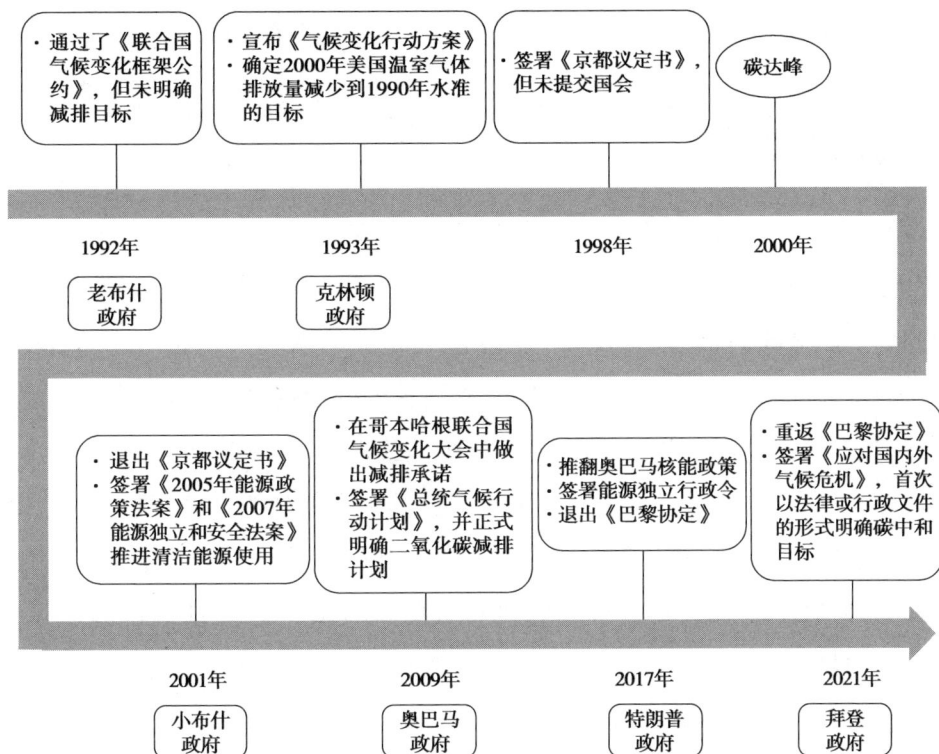

图 1.1 美国碳达峰、碳中和发展关键时间点

高能源效率进行了规划并明确了具体方案。

2021 年美国重返《巴黎协定》,提出《清洁能源革命与环境正义计划》《建设现代化的、可持续的基础设施与公平清洁能源未来计划》和《关于应对国内外气候危机的行政命令》。在经济上,新政府计划投入两万亿美元在交通、建筑和清洁能源等领域加大投入力度;在政治上,把气候变化纳入美国外交政策和国家安全战略并加强国际合作;在技术上,加速清洁能源技术创新,继续推动美国"3550"碳中和进程。

为实现碳中和,美国主要实施了以下的政策措施:

(1)美国州政府层面建立了比联邦更为完善的政策和碳交易机制

美国州政府层面在碳中和领域有着比联邦层面更为完善的约束。加利福尼亚州(又简称加州)政府早在 2006 年便通过了州层面的《全球变暖解决

2030	2035	2050
·确保新销售的轻型和中型车辆达到零排放 ·所有新的商业建筑物定制零净排放标准	·2035年美国电力部门实现碳中和 ·建筑库存的碳足迹减少50%	·2050年确保美国实现100%的清洁能源,达到净零排放

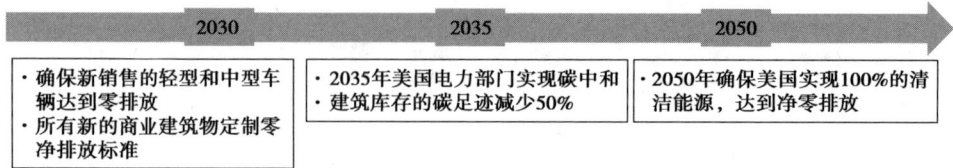

图 1.2 美国"3550"碳中和进程

方案法》,法案明确到 2050 年将加州的碳排放规模降低到 1990 年的 20%。
2007 年,加州政府和亚利桑那、华盛顿等州联合发起"西部气候倡议"
(Western Climate Initiative,WCI),协议成员各自执行独立的总量管控和排放
交易计划,包括制定逐年减少的温室气体排放上限,定期进行配额拍卖、储
备和交易,以及排放抵消机制。美国州层面的碳交易较为活跃,具有较为成
熟的交易机制。这起到了限制温室气体排放和鼓励能源创新技术发展的作
用,同时促进了能源效率的提高和可持续能源发展的相关基础设施建设。
加州碳交易制度下覆盖的碳排放量占总额的 85%,主要通过碳交易制度下
的额度上限管理实现减排目标。

（2）美国绿色基建预计将于 2022 年落地,顶层设计或通过行政命
令落地

美国在州层面已经有个别较为完整的减排制度和碳交易体系,新的联
邦政府试图在政策上弥补这一缺失。计划公布名为《重建美好复苏计划》的
基建计划。最终的建设方向和构成将与此前 4 年两万亿美元的基建方案一
致,仍以新能源为主要建设领域,此外可能还含有经济保障房、油井改造或
替代计划等措施。

1.1.5 日本碳中和路径及方案

日本碳达峰出现于 2013 年,计划于 2050 年达到碳中和。日本碳排放峰
值为 14.08 亿 t,人均排放量为 11.17 t 二氧化碳当量,低于欧盟人均水平的
8.66%。碳排放峰值和人均排放量是衡量一个地区应对气候变化的关键指

标,日本能源活动碳排放量占碳排放峰值总量的 89.58%。

日本的长期气候战略是:到 2050 年,在 2010 年的基础上减排 80%,并在本世纪后半叶尽早实现碳中和。随着具体时间表的提出,日本成为继欧盟、英国之后又一个宣布在 2050 年底之前达到碳中和的经济体。根据日本当前的长期能源目标,到 2030 年,核能预计将占总发电量的 20%~22%,液化天然气占比 27%,煤炭占比 26%,可再生能源占比 22%~24%,石油占比 3%。在可再生能源中,地热占比 1.0%~1.1%、风能占比 1.7%、生物质能占比 3.7%~4.6%、太阳能占比 7.0%、水能占比 8.8%~9.2%。

为减少因使用化学能源的温室气体排放,日本在 1997 年颁布了《关于促进新能源利用措施法》、2002 年颁布了《新能源利用的措施法实施令》等法规政策,它们被视为日本实现碳中和目标的法律依据之一。此外,日本政府也发布了针对碳排放和绿色经济的政策文件,如 2008 年 5 月通过的《面向低碳社会的十二大行动》及 2009 年发布的《绿色经济与社会变革》政策草案。

2021 年 5 月 26 日,日本国会参议院正式通过修订后的《全球变暖对策推进法》,以立法的形式明确了日本政府提出的"到 2050 年实现碳中和"的目标。《全球变暖对策推进法》于 2022 年 4 月施行,这是日本首次将温室气体减排目标写进法律。根据这部新法,日本的都道府县等地方政府有义务设定利用可再生能源的具体目标。地方政府将为扩大利用太阳能等可再生能源制定相关鼓励制度。具体包括:

(1)利用政策引导推动制造业转型

一方面,日本在实现工业化和经济快速发展的过程中,曾带来了严重的环境污染;另一方面,作为一个岛国,日本的自然资源匮乏,必须要确保本国能源安全。日本的绝大部分产业政策都是以法律的形式出台的,法律成为直接干预和间接诱导产业发展的法律依据,在此基础上,政府通过行政法规的形式将法律的规定具体化并落到实处。日本的制造业从劳动驱动型向创新驱动型转型,能源消耗也明显改善。

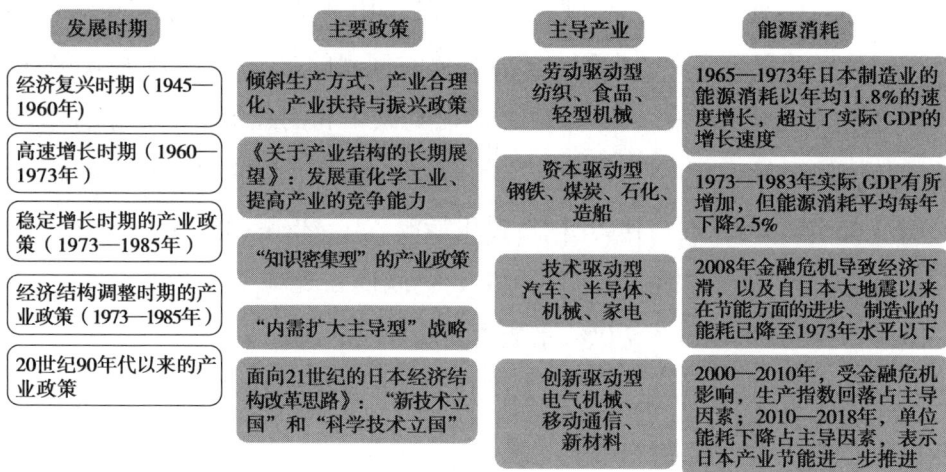

发展时期	主要政策	主导产业	能源消耗
经济复兴时期(1945—1960年)	倾斜生产方式、产业合理化、产业扶持与振兴政策	劳动驱动型 纺织、食品、轻型机械	1965—1973年日本制造业的能源消耗以年均11.8%的速度增长,超过了实际GDP的增长速度
高速增长时期(1960—1973年)	《关于产业结构的长期展望》:发展重化学工业、提高产业的竞争能力	资本驱动型 钢铁、煤炭、石化、造船	1973—1983年实际GDP有所增加,但能源消耗平均每年下降至2.5%
稳定增长时期的产业政策(1973—1985年)	"知识密集型"的产业政策	技术驱动型 汽车、半导体、机械、家电	2008年金融危机导致经济下滑,以及自日本大地震以来在节能方面的进步,制造业的能耗已降至1973年水平以下
经济结构调整时期的产业政策(1973—1985年)	"内需扩大主导型"战略		
20世纪90年代以来的产业政策	面向21世纪的日本经济结构改革思路):"新技术立国"和"科学技术立国"	创新驱动型 电气机械、移动通信、新材料	2000—2010年,受金融危机影响,生产指数回落占主导因素;2010—2018年,单位能耗下降占主导因素,表示日本产业节能进一步推进

图 1.3　日本制造业转型升级阶段图

(2)建立中央与地方合力的碳交易系统

日本早在 20 世纪 90 年代就开始积极推进国家气候变化政策,逐渐建立起自己的碳排放体系。中央层面的碳交易市场主要由环境省和经济产业省推动,两个部门所设立的系统各有侧重。

环境省设立有 JVETS 系统和 JVER 系统。JVETS 系统主要针对低能耗产业,比如酒店、办公楼等公用设施以及食品饮料业和其他制造业;JVER 系统主要针对林业。经济产业省设立的 JVETS 系统主要针对大型、高能耗企业。但无论是哪一种体系,都以自愿参与为主,缺乏强制性,所以导致碳交易市场需求低迷,收效甚微。JVETS 体系运行了 7 年,于 2012 年结束。在地方上,借助国家的政策引导和地方政府的大力支持,现阶段地方性碳交易市场有东京、埼玉和京都 3 个。这类地方性碳交易市场以强制性为主,对交易规则有严格的设定,可操作性强,也收到了良好的减排效果。

除此之外,日本还把国际市场作为国内碳交易体系的重要补充举措。日本借助国际碳交易市场,一方面购买了大量的碳排放配额,为本国经济发展争取了一定的空间;另一方面,通过输出本国的技术,与发展中国家确立了双边抵消机制,在获取碳排放配额的同时,提高了日元在碳交易计价结算中的地位,力争使日元在未来碳交易国际金融体系中成为主要货币。

(3)发布《绿色增长战略》,通过技术创新和绿色投资的方式加速向低碳社会转型

2020 年 10 月 25 日,日本政府公布了实现 2050 年碳中和目标的工程表——《绿色增长战略》。该战略书中不仅确认了"2050 年日本实现净零排放"的目标,还提出了海上风能、电动汽车、氢燃料等 14 个重点领域的具体计划目标和年限设定。

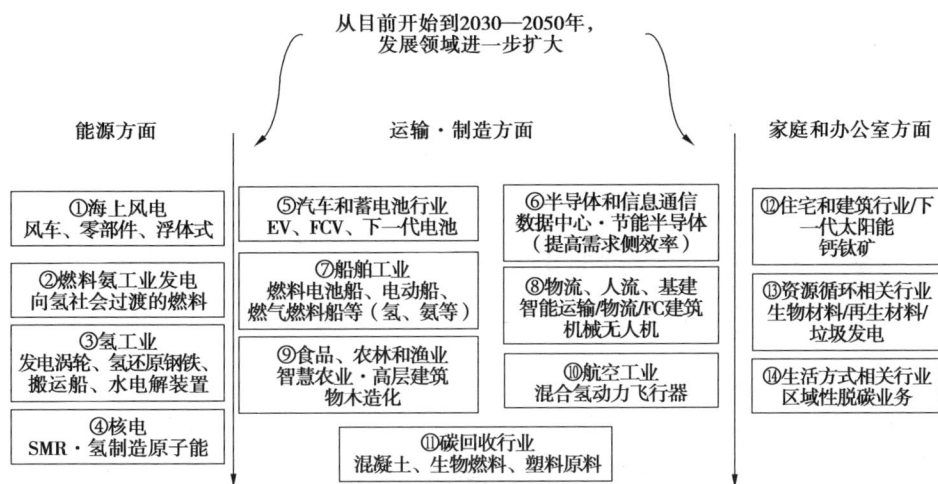

从目前开始到2030—2050年,发展领域进一步扩大

能源方面

①海上风电
风车、零部件、浮体式

②燃料氨工业发电
向氢社会过渡的燃料

③氢工业
发电涡轮、氢还原钢铁、搬运船、水电解装置

④核电
SMR·氢制造原子能

运输·制造方面

⑤汽车和蓄电池行业
EV、FCV、下一代电池

⑦船舶工业
燃料电池船、电动船、燃气燃料船等(氢、氨等)

⑨食品、农林和渔业
智慧农业·高层建筑
物木造化

⑥半导体和信息通信
数据中心·节能半导体
(提高需求侧效率)

⑧物流、人流、基建
智能运输/物流/FC建筑
机械无人机

⑩航空工业
混合氢动力飞行器

⑪碳回收行业
混凝土、生物燃料、塑料原料

家庭和办公室方面

⑫住宅和建筑行业/下一代太阳能
钙钛矿

⑬资源循环相关行业
生物材料/再生材料/垃圾发电

⑭生活方式相关行业
区域性脱碳业务

图 1.4　日本《绿色增长战略》

(4)其他做法

基金预算方面,日本成立 2 万亿日元的绿色创新基金。该基金将会在今后 10 年(至 2030 年),对碳中和社会和产业竞争力基础领域(如电力绿色化和电气化、氢能、碳回收)进行资助。

税收方面,日本建立碳中和投资促进税制(税收减免或特别折旧)。为从事业务重组/并购等工作的公司设立一个特殊上限,同时扩大研发税制。

这样的税收制度有利于促进生产脱碳化和企业短期与中长期的脱碳化投资。

金融方面,建立合适的金融体系支持碳中和投资。政府将会对海上风电等可再生业务提供风险资金支持(如建立规模 800 亿日元的"绿色投资促进基金")。金融机构和资本市场应适当利用碳中和的融资资金,促进高科技和具有潜力的日本公司的发展,通过公司债券市场活跃 ESG 投资。

监管方面,加强制定环境监管法规与碳交易市场、碳税等制度。合理制定适用于新技术的法规。

国际合作方面,加强与主要国家在碳外交上的合作。未来日本政府会在创新政策、重点领域技术标准化等方面与欧美各国合作。同时,政府也会同广大新兴国家与国际组织[如国际能源机构(IEA)、东盟与东亚经济研究所(ERIA)]进行合作,从争取市场的角度推进双边与多边合作。日本将致力在全世界内对技术进行标准化,以此拉动内需。

1.2 碳中和对我国各行业的影响

1.2.1 能源行业

"双碳"目标对能源行业的发展提出了更高的要求,我国国家能源局印发《2021 年能源工作指导意见》,遵循"四个革命、一个合作"能源安全新战略,以能源高质量发展为主题,统筹能源与生态和谐发展,着力保障能源安全稳定供应,着力推进能源低碳转型,着力推进能源科技创新,着力深化能源体制机制改革,着力加大能源惠企利民力度,为全面建设社会主义现代化国家提供坚实的能源保障。

2020 年 12 月 17 日,中国石油天然气集团有限公司发布了《世界与中国能源展望》报告。该报告分析指出,为实现《巴黎协定》提出的 2 ℃温控目标,预计 2030 年全球一次能源需求为 159 亿 t 标准油,2050 年预计达 182 亿

t 标准油,年增长率约 0.7%。2030 与 2050 年,全球天然气需求在一次能源中的占比分别为 26% 和 27%;非化石能源占比分别为 28% 和 47%;终端电气化率占比分别约为 28% 和 45%。

中国要实现碳中和目标,2030 年前需统筹碳排放达峰与碳中和,需要经济结构更加优化、创新驱动引领更加明显、绿色发展成为内在要求、开放共享成为常态。该报告预计,中国能源相关碳排放将于 2025 年前后达到峰值,之后保持 5 年左右的平台期,而后进入下降通道,2050 年降至 24 亿 t 左右,2060 年接近零排放。产业升级、能效提升、节约循环理念深入等使中国的一次能源需求增速放缓,于 2040 年前步入峰值平台期,约 40.6 亿 t 标油 (58 亿 t 标煤)。较为现实的脱碳路径将从边际减排成本低或为负(大气污染治理推动的低碳转型)的行业推进,电力和工业部门是减排的重点和优先领域。在碳中和目标下,中国的石油需求将在 2025 年前后进入峰值平台期,为 7.3 亿 t 左右,2050 年降至 3.1 亿 t;2025 年前清洁能源(天然气与非化石能源)将满足全部新增一次能源需求,之后对高碳能源形成规模替代。

部分学者认为,这一变革在能源领域是根本性的。例如,低碳城市的建设离不开新型城市能源系统建设。城市配电网、气网、热网"三网合一"是一个长期的过程,但在园区或者区域层面,不同能源的融合与协同共赢,应该已经处在一个走向三网融合的前期阶段。尤其是并网型微网的建设,致力于多能互补、冷热电多能协同,以及源网荷储协同互动,这是符合我国国情的,也是完全可行的。谢和平院士认为:"不能简单理解为降低化石能源利用比重(去煤化)来实现碳中和。碳中和的未来发展关键要在'少碳''用碳'和'无碳'排放进行全面技术创新,要大力发展实现碳中和的新原理、新技术。譬如 CO_2 矿化发电颠覆性技术,世界现有碳减排是以碳捕捉封存 (CCS) 技术为主,但该技术成本高,同时存在 CO_2 逃逸的风险。我们团队率先提出并研究探索 CO_2 矿化利用新理念和 CO_2 捕捉新技术等 CCUS 新路径。"

在能源供给侧,国家电网等输配电企业积极构建多元化清洁能源供应体系。一是大力发展清洁能源,最大限度开发利用风电、太阳能发电等新能源,坚持集中开发与分布式并举,积极推动海上风电开发,大力发展水电,加快推进西南地区水电开发,安全高效推进沿海地区核电建设。二是加快煤电灵活性改造,优化煤电功能定位,科学设定煤电达峰目标。煤电充分发挥保供作用,更多承担系统调节功能,由电量供应主体向电力供应主体转变,提升电力系统应急备用和调峰能力。三是加强系统调节能力建设,大力推进抽水蓄能电站和调峰气电建设,推广应用大规模储能装置,提高系统调节能力。四是加快能源技术创新,提高新能源发电机组涉网性能,加快光热发电技术推广应用。推进大容量高电压风电机组、光伏逆变器创新突破,加快大容量、高密度、高安全、低成本储能装置研制。

在发电领域,中国大唐集团在其"双碳"行动纲要中提出以 3 条路径重点突破,即推动能源技术创新、推动能源生产革命、推动能源消费革命,并进一步明确实现"双碳"目标的 10 个方面具体举措:推进低碳零碳技术创新、发展非化石能源、推进火电降耗减碳、发展储能和氢能、发展碳交易和碳金融、发展分布式能源和智能微网、拓展综合智慧能源服务、发展低碳零碳供热、开展非电业务和办公节能减排、推动合作者实现"双碳"目标。华电集团力争到 2025 年实现碳达峰,新增新能源装机 7 500 万千瓦,非化石能源装机占比达到 50%以上。"十四五"期间,按照"优化发电结构、深挖煤炭潜力、加快科技攻关、创新金融服务、聚合内外力量"五大实施路径,重点开展"可再生能源发展、火电转型升级、煤矿绿色转型、低碳技术攻关、数字化智能化、绿色金融支持、深化国际合作、管理能力提升"八大专项行动。

在能源开采领域,中国石油天然气集团有限公司将"绿色低碳"纳入公司发展战略,强化甲烷管控和战略研究,发布《甲烷排放管控行动方案》,明确清洁替代、战略接替和绿色转型"三步走"战略部署,力争到 2025 年左右实现碳达峰,新能源新业务在清洁替代方面实现良好布局,2035 年左右实现新能源新业务的战略接替,2050 年实现近零排放,为中国碳达峰碳中和和全球温控目标作出贡献。

1.2.2 钢铁行业

钢铁生产过程中的碳排放主要有 4 大类来源:化石燃料燃烧排放、工业生产过程排放、净购入使用的电力、固碳产品隐含的碳排放。根据文旭林等在《钢铁企业碳排放核算及减排研究》对长流程钢厂碳排放的研究,燃料燃烧碳排放约占 94%,净购入电力碳排放约占 6%。在烧结、炼钢工序中,需消耗石灰石、白云石、电极、生铁、铁合金等含碳原料,以及生产熔剂过程的分解和氧化产生的 CO_2 排放约占总排放量的 6%。生产过程中部分碳固化在企业生产外销的粗钢、粗苯和焦油中,相应部分的 CO_2 排放应予扣除,约占总排放量的 4%。

2020 年年末,我国工业和信息化部发布《关于推动钢铁工业高质量发展的指导意见(征求意见稿)》,明确提出到"十四五"末力争全行业实现碳达峰,能源消耗总量和强度均降低 5% 以上。钢铁行业面临"十四五"提前达峰的要求。2021 年以来,中国宝武钢铁、河钢股份、鞍钢集团、包头钢铁等特大型钢企陆续发布碳达峰碳中和目标,其中碳达峰时间点基本控制在 2025 年之前,到 2030 年前后实现减碳 30%,2050 年实现碳中和。

"十四五"期间,粗钢产量进入平台区。2016 年以来粗钢表观消费量稳步增长,2020 年粗钢表观消费量 102 230 万 t,同比增长 9.55%。在强劲内需的拉动下,国内粗钢产量持续创新高,2020 年粗钢产量 107 500 万 t,同比增长 7%。测算 2020 年 GDP 耗钢系数达到 1 150 t/亿元。"十四五"期间,中国经济进入内循环为主的发展格局,国内钢铁内需增长放缓,同时叠加政策驱动钢材出口回流,政策压实国内粗钢产能规模。整体来看,国内粗钢产量将进一步进入平台区,将更好地推动行业从碳排放总量上实现碳达峰。2015—2018 年,钢铁行业碳排放总量同比整体低于行业粗钢产量增速,整体反映了吨钢二氧化碳排放强度有下降趋势。

在未来推进碳达峰和碳中和的过程中,同时伴随部分成熟度高、实用性强的低碳冶金技术运用,这将更好地促进行业从总量上实现碳达峰。在碳达峰的基础上,行业进一步推广电炉炼钢、增加高炉炉料球团比、DRI 等技术成熟度高的实用性技术,带动钢铁制造流程工艺的优化,同时提升各工序能效,减少化石燃料消耗,降低碳排放强度,能够较好地实现减碳 30% 的目标,最终实现深度减碳。实现碳中和还需要全氢冶金、CCUS/CCS 等技术实现突破。目前以直接还原竖炉为载体开展氢冶金具备零碳可行性,但存在较大的成本约束。CCUS/CCS 减排潜力大,但受制于经济、技术、环境等影响,大规模化发展的时机还不成熟。从技术成熟度实用性和减碳幅度两个视角来看,电炉炼钢、球团制造、气基 DRI、能效提升等技术将在未来 10 年迎来大规模推广;富氢冶金随着工艺进步也在逐步推广。

从钢铁企业节能减排措施来看,钢铁企业可从"加减"两个维度降低碳排放,提升效率、工艺水平与市场参与度。其中,"减法"措施主要包括降低能源消耗总量、压缩粗钢产量;"加法"措施主要包括提高清洁能源使用比例、提升废钢利用率、发展氢冶炼等低碳炼铁技术、提升短流程电炉炼钢占比、开发利用余热回收技术、发展碳配额交易市场等。

表 1.3　钢铁行业举措

	技术措施	具体措施
减法	降低能源消耗总量	提高窑炉热效率,深挖余能回收潜力,提升能源转换和利用效率
	压缩粗钢产量	逐步建立以碳排放、污染物排放,能耗总量为依据的存量约束机制
加法	提高清洁能源使用比例	加大太阳能、风能、水能等可再生能源利用,布局氢能产业
	提升废钢利用率	建设再生资源回收网络与循环经济产业园区,细化废钢进口政策,降低废钢使用成本
	发展氢冶炼等低碳炼铁技术	发展以氢气还原代替焦炭燃烧的炼铁技术;针对现有高炉排放的废气,研发使用 CCUS 技术

续表

技术措施		具体措施
加法	提升短流程电炉炼钢占比	电炉钢的碳排放量较长流程低约30%,对铁矿石、焦煤、焦炭的消耗量也更少;针对废钢资源相对丰富地区以及少矿地区,鼓励短流程钢厂建设,形成长流程兼顾、低碳排放生产格局
	开发利用余热回收技术	回收利用焦炉上升管废气中的余热,可减少约18.31 t CO_2 的排放
	发展碳配额交易市场	未来,钢铁行业将被纳入全国碳交易市场,将进一步推动企业降低产品能耗和碳排放

表格来源:德勒前瞻研究院整理

1.2.3　水泥行业

在人类社会消耗的所有材料中,混凝土的用量仅次于水的用量,而水泥则是混凝土的主要组成成分。水泥行业占据了全球工业能源使用7%的比重,贡献了全球碳排放总量的7%。而我国是全球水泥制造第一大国,2019年全球水泥产能为 37 亿 t,中国约占其中的 60%。2020 年,我国水泥产量23.77 亿 t,约占全球总产量的55%,排放 CO_2 约 14.66 亿 t,约占全国碳排放总量的14.3%。目前我国绝大多数水泥企业全部采用了新型干法生产技术,整体处于国际先进水平。通过调研分析单位水泥碳排放的构成与减排潜力,发现在生产 1 t 水泥的过程中,其中生料煅烧石灰石分解 CO_2 约376.7 kg,熟料耗煤排放 CO_2 约 193 kg,扣除余热发电后综合耗电折算碳排放约46.9 kg。水泥是由水泥熟料掺加矿渣、粉煤灰、石灰石等混合材与少量石膏混合粉磨制成的,熟料生产过程中碳排放约占水泥碳排放的92%。因此,根据行业现状和以上分析,水泥行业通过现有节能及替代石灰石原料技术减碳空间有限。

水泥生产过程包括开采原材料、破碎、预均质化和生料研磨、预热、预煅烧、回转窑中熟料生产、冷却和储存、混合、水泥研磨以及水泥筒仓中储存。CO_2 排放主要源于熟料生产过程(图 1.5),其中石灰石煅烧产生生石灰的过程所排放的 CO_2,占全生产过程碳排放总量的 55%~70%;高温煅烧过程需要燃烧燃料,因此产生的 CO_2 占全生产过程碳排放总量的 25%~40%。

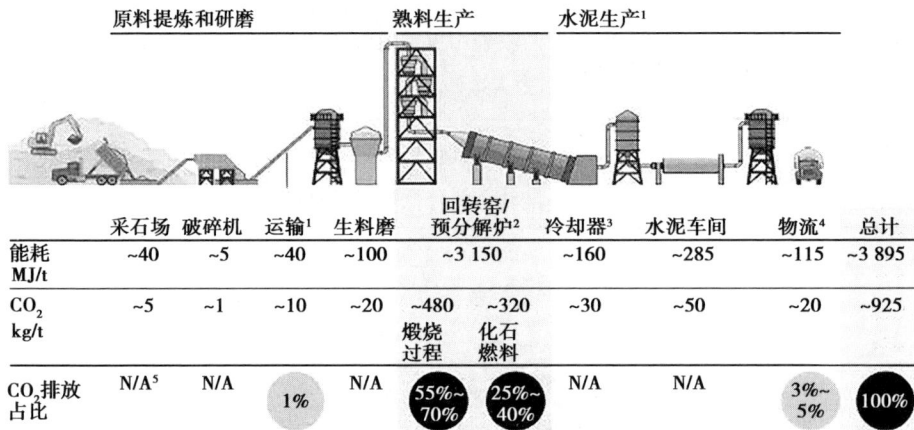

	采石场	破碎机	运输¹	生料磨	回转窑/预分解炉²		冷却器³	水泥车间	物流⁴	总计
能耗 MJ/t	~40	~5	~40	~100	~3 150		~160	~285	~115	~3 895
CO_2 kg/t	~5	~1	~10	~20	~480 煅烧过程	~320 化石燃料	~30	~50	~20	~925
CO_2排放占比	N/A⁵	N/A	1%	N/A	55%~70%	25%~40%	N/A	N/A	3%~5%	100%

注:1.每 1 kW·h/t/100 m;
2.全球平均值,数据来自全球水泥和混凝土协会的《Getting the Numbers Right》报告(2017);
3.以 5 kW·h/t熟料的往复式炉排冷凝计;
4.按货车平均运输距离为200 km计;
5.排放被纳入电力行业
资料来源:麦肯锡化工咨询业务;专家访谈;小组分析

图 1.5　水泥制造过程中 CO_2 排放情况

全球水泥产量将随着不断增长的人口、城市化模式和基础设施发展需求而增加。到 2050 年,预计全球水泥产量将比 2014 年水平增长 12%~23%,总人口将比 2014 年增长 34%。不同地区的水泥生产强度水平差别很大。一些国家和地区(如中国和中东)水泥产量过剩,中国国内水泥产量在 2014 年达到顶峰(24.92 亿 t),2024 年已缩减至 18.25 亿 t。印度等其他国家将增加国内水泥产量,以满足其基础设施发展需求,到 2050 年与全球水平保持一致。预计同期全球人均水泥需求量的总体平均值将稳定在人均 485 kg 左右。

CSI 和 IEA 2018 年报告为全球水泥行业制定的愿景(表 1.4)与国际能

源机构的"能源转型计划 2DS"的碳排放轨迹是一致的。这一愿景为水泥行业设定了一条经济高效的技术路线,到 2050 年,将其全球直接二氧化碳排放量从当前水平(2.2Gt CO_2/年)减少 24%,或将全球水泥直接 CO_2 强度(碳捕获后的总直接 CO_2 排放)降低 32%。相比国际能源署参考技术的情景(Reference Technology Scenario, RTS)(该情景考虑了在《巴黎协定》框架下的能源和气候承诺),到 2050 年累计减少 7.7Gt CO_2 的直接碳排放。这一降幅几乎相当于当前全球工业直接 CO_2 排放总量的 90%。这将通过提高能源效率、改用碳密集度较低的燃料(替代燃料)、减少水泥中的熟料含量以及实施碳捕获等创新技术途径来实现。

表 1.4　RTS 下全球水泥行业的关键指标和路线图愿景

		RTS			2DS		
	2014	2030	2040	2050	2030	2040	2050
水泥产量(Mt/年)	4 171	4 250	4 429	4 682	4 250	4 429	4 682
熟料水泥比	0.65	0.66	0.67	0.66	0.64	0.63	0.60
熟料热能强度(GJ/吨熟料)	3.5	3.4	3.3	3.2	3.3	3.2	3.1
水泥的电强度(kW·h/吨水泥)	91	89	86	82	87	83	79
替代燃料的使用 (热能消耗百分比)	5.6	10.9	14.4	17.5	17.5	25.1	30.0
捕获和储存的二氧化碳 (Mt CO_2/年)	—	7	65	83	14	173	552
水泥直接法 CO_2 强度 (吨 CO_2/吨水泥)	0.34	0.34	0.34	0.33	0.33	0.30	0.24
水泥的直接能量相关 CO_2 强度 (吨 CO_2/吨水泥)	0.20	0.19	0.18	0.17	0.19	0.16	0.13

我国国家发展改革委等部门发布的《关于严格能效约束推动重点领域节能降碳的若干意见》(发改产业〔2021〕1464 号)提出主要目标:到 2025

年,通过实施节能降碳行动,钢铁、电解铝、水泥、平板玻璃、炼油、乙烯、合成氨、电石等重点行业和数据中心达到标杆水平的产能比例超过30%,行业整体能效水平明显提升,碳排放强度明显下降,绿色低碳发展能力显著增强;到2030年,重点行业能效基准水平和标杆水平进一步提高,达到标杆水平企业比例大幅提升,行业整体能效水平和碳排放强度达到国际先进水平,为如期实现碳达峰目标提供有力支撑。

事实上,我国水泥工业能耗指标世界先进,单位水泥 CO_2 排放量显著低于世界其他国家平均水平,环保指标世界领先。因此,在当前基础上继续推进水泥工业节能减排并非易事,目前已有的水泥工业低碳转型路径主要有以下4个:

①提高生产效率,降低单位碳排放;

②发展推广协同处置技术,替换水泥窑所使用的煤;

③提高32.5水泥用量比例;

④碳捕集回收CCUS技术研发应用。

水泥生产仍有技术减排潜力,产线升级助力行业尽早实现碳达峰。企业可以根据水泥生产过程中的碳酸盐分解、燃料燃烧和电力消耗3个角度来改进生产工艺,降低碳排放,包括生产工艺碳减排(替代原料、熟料替代等)和生产能耗碳减排(如替代燃料、富氧燃烧技术、高效粉磨、余热发电等)。

以海螺水泥的节能减排示范性产线为例,采用升级生产设备的方法可让年产200万t的熟料产线减少 CO_2 排放6.75万t;采用替代燃料的方法可单产线节约标准煤7.5万t,减排20万t CO_2;为产线配套建设余热发电系统则可减少外电采购量,海螺全年87亿kW·h余热发电量则可减排 $CO_2$790万t;采用富氧燃烧技术可让年产200万t熟料产线减排3.1万t。此外,企业也可从智能生产角度对现有产线进行升级。以槐坎南方智能化水泥工厂为例,该生产线通过工业互联网、人工智能和大数据预测技术的实施和应用,可以大幅改善劳动条件,提高生产线劳动生产率200%,做到年减排

15.6 万 t。将这些技术推广至全集团乃至全国各条产线,将有效降低行业碳排放,助力行业提早实现碳达峰目标。

1.2.4 石化行业

石化行业也是碳排占比较高的行业,国内外对石化行业碳排路线进行了技术梳理和政策指引。壳牌、道达尔等先后宣布要在 2050 年前分阶段实现全球业务的碳中和,英国石油公司(BP)也宣布要在 2050 年之前实现碳中和,并将所有销售产品的碳强度减少 50%。意大利埃尼公司提出到 2030 年实现上游板块零碳排放,到 2040 年实现全产业链碳中和。西班牙雷普索尔石油公司提出到 2040 年碳排放降低 40%,2050 年实现碳中和。法国道达尔计划将名称由道达尔石油公司(TotalOil)改为道达尔能源公司(Total Energies),以弱化石油公司形象,转型为新型综合型能源公司。以埃克森美孚、雪佛龙为代表的北美石油公司则认为,油气公司在相当长的时间内仍有较大的发展空间和盈利能力,许多新能源还不够成熟,依旧坚持以上游勘探开发业务为核心,但同时也剥离了部分低质资产,加大了天然气业务的投资占比,并设立了甲烷排放目标。

目前石化行业碳中和主要在以下几个方面发力:

(1)改进工艺和产品

主要通过改进工艺提高能效,减少生产作业中的碳排放量,同时改进公司产品以帮助客户降低碳排放量。

(2)减油增气和发展新能源业务

主要通过提高天然气在油气生产总量中的比例,大力发展新能源业务来降低温室气体排放量。

(3)碳捕集、利用和封存以及碳汇

主要通过大力开发和部署碳捕集、利用和封存技术以及种植森林等措施实现碳补偿或碳抵消。

（4）管理机制创新

主要通过优化治理结构、调整绩效政策、实施内部碳价等方式来促进碳减排措施的推广和应用。

（5）绿色金融

主要通过发行绿色债券、建立绿色产业基金等各种方式来筹集资金，用于支持应对气候变化和提高资源利用效率的经济活动。

2021 年 1 月 15 日，中国石油和化学工业联合会联合中国石油、中国石化等 17 家企业和园区，共同发起《中国石油和化学工业碳达峰与碳中和宣言》。2021 年 5 月 18 日，中国油气企业甲烷控排联盟成立。联盟成员共同发表倡议，携手努力，积极推进全产业链甲烷控排行动，促进我国"双碳"目标实现和油气企业低碳转型发展。

碳中和背景下，石化企业纷纷节能降碳，布局新能源产业链，包括新能源供应（光伏、风电、氢能等）、新能源产业链上游材料生产等。具体表现在：a.上游油气企业：打造综合能源供应商；b.轻质化：布局氢能产业链；c.炼化企业：节能降碳，布局新材料。上游：布局新能源，打造综合能源供应商；下游：布局新材料，依靠政策推动石化重点行业节能减碳。

为更好地分析当下石化行业低碳发展的现状及关键步骤，中国石化石科院与德勤中国共同撰写了《迈向 2060 碳中和——石化行业低碳发展白皮书》。白皮书从中国低碳发展需求出发，延伸至对石化行业低碳转型驱动因素、发展趋势、转型关键及面临挑战的梳理，并按照 2025—2030—2060 年的减排时间目标，对各阶段的重点工作及技术发展展开详述。主要内容包括 2025 年碳减排实现途径、2030 年碳达峰技术支撑、2060 年碳中和路径策略。中石化、中石油在 2020 年 ESG 报告中均提出力争 2050 年实现碳中和。

中石化提出：积极打造"油气氢电非"综合能源服务商，重点布局氢能全产业链，有序推进光伏发电、生物质燃料（生物航煤、生物柴油）等业务发展，

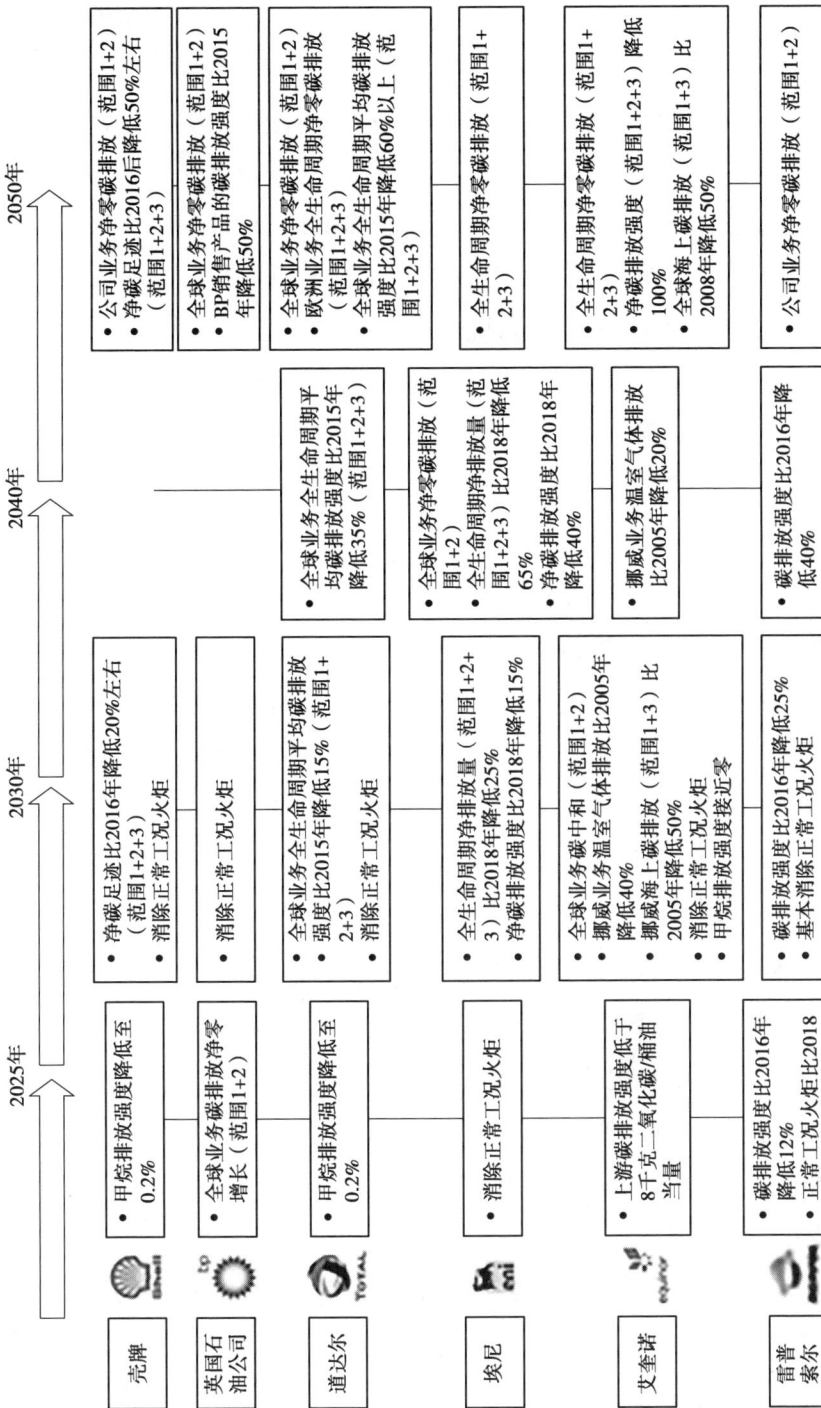

图1.6 国外主要石油公司实现净零碳排放的战略路径

注：各公司对碳排放强度指标的称谓不同，壳牌称为"净碳足迹"，艾奎诺公司和埃尼公司称为"净碳排放强度"，道达尔和雷普索尔公司称为"碳排放强度"。

时间轴： 2025年 → 2030年 → 2040年 → 2050年

壳牌（Shell）
- 2025年：甲烷排放强度降低至0.2%
- 2030年：净碳足迹比2016年降低20%左右（范围1+2+3）；消除正常工况火炬
- 2050年：公司业务净零碳排放（范围1+2）；净碳足迹比2016后降低50%左右（范围1+2+3）

英国石油公司（BP）
- 2025年：全球业务碳排放零增长（范围1+2）
- 2030年：消除正常工况火炬
- 2050年：全球业务净零碳排放（范围1+2）；BP销售产品的碳排放强度比2015年降低50%

道达尔（TOTAL）
- 2025年：甲烷排放强度降低至0.2%
- 2030年：全球业务全生命周期平均碳排放强度比2015年降低15%（范围1+2+3）；消除正常工况火炬
- 2040年：全球业务全生命周期平均碳排放强度比2015年降低35%（范围1+2+3）
- 2050年：全球业务净零碳排放（范围1+2）；欧洲业务全生命周期净零碳排放（范围1+2+3）；全球业务全生命周期平均碳排放强度比2015年降低60%以上（范围1+2+3）

埃尼（eni）
- 2030年：全生命周期净排放量（范围1+2+3）比2018年降低25%；净碳排放强度比2018年降低15%
- 2040年：全球业务净零碳排放（范围1+2）；全生命周期净排放量（范围1+2+3）比2018年降低65%；净碳排放强度比2018年降低40%
- 2050年：全生命周期净零碳排放（范围1+2+3）

艾奎诺（Equinor）
- 2025年：上游碳排放强度低于8千克二氧化碳当量/桶油
- 2030年：全球业务碳中和（范围1+2）；挪威业务温室气体排放比2005年降低40%；挪威海上碳排放（范围1+3）比2005年降低50%；消除正常工况火炬；甲烷排放强度接近零
- 2040年：挪威业务温室气体排放比2005年降低20%
- 2050年：全生命周期净零碳排放（范围1+2+3）；净碳排放强度（范围1+2+3）降低100%；全球海上碳排放（范围1+3）比2008年降低50%

雷普索尔（Repsol）
- 2025年：碳排放强度比2016年降低12%；正常工况火炬比2018年降低50%
- 2030年：碳排放强度比2016年降低25%；基本消除正常工况火炬
- 2040年：碳排放强度比2016年降低40%
- 2050年：公司业务净零碳排放（范围1+2）

加快布局加氢站、充换电站等新能源配套设施建设。目前,公司现有制氢能力为 350 万 t/年,占全国 14% 以上,并在燕山石化、广州石化、高桥石化分别建成高纯氢提纯装置 3 套,合计能力 9 000 kg/d,向市场供应纯度为99.999%的高品质氢气产品。在基础设施方面,到 2020 年末,公司在全国建设充换电站 281 个,充电桩 984 个;并依托 3 万多座加油站,累计在上海、广东、浙江、河南等地区建成并投用油氢合建站 10 座。"十四五"期间,中石化规划布局 1 000 座加氢站或者油氢合建站。

中石油提出:构建"油、气、热、电、氢"五大能源平台,大力推进地热能、风能、太阳能等清洁能源对传统生产用能的替代。2020 年,公司光伏发电 3 000 万 kW·h,并开工建设 2 座示范加氢站,规划"十四五"末建成可再生能源制氢示范工程。

中海油提出:不断提升天然气产量占比(2022 年计划占比 22%),推动油气田开发全过程节能减碳,推进海上 CCS 和 CCUS 示范工程项目。在新能源布局上,加快发展海上风电,择优发展陆上风电光电一体化,计划 5% ~ 10%资本支出用于新能源发展,到 2025 年获取海上风电资源 500 万 ~ 1 000 万 kW,装机 150 万 kW;获取陆上风电光电资源 500 万 kW,投产 50 万 ~ 100 万 kW。公司首个风电项目(江苏海上风电项目)2020 年 9 月正式并网发电,装机容量为 300 MW。

实现碳达峰、碳中和是一场硬仗,也是一场大考。需要处理好政府与市场、存量与增量、减排与碳汇三重关系,抓住电力、工业和交通运输等关键领域,建立好两大碳市场与电力市场。这也将为环境产业带来由末端治理转向源头和过程控制(节能、清洁生产)、由单因子控制转向多因子协同控制、由常规污染物转向特殊污染物控制的产业重置。将来,环境产业将与低碳产业、新能源产业以及零碳技术和金融资本等进行产业链接。

生态环保行业是与碳中和直接密切相关的行业,但从目前来看,环境企业实际感受到的关联性以及参与度并没有很强。未来二三十年,碳中和是一个巨大的风口,甚至说是唯一的风口,传统环境企业怎样拥抱这一风口,置身风口下,环境企业怎么判断其中的机遇与挑战、如何布局,值得大家探讨。

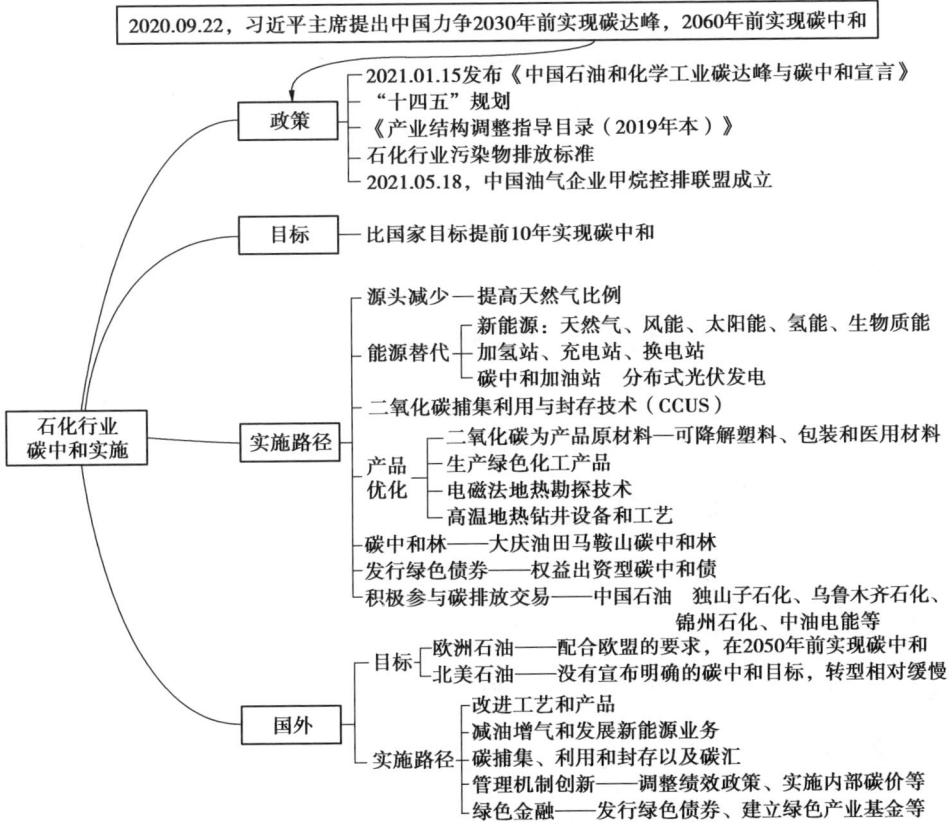

图 1.7 石化行业碳中和实施路径

第 2 章

碳中和背景下污水行业面临的机遇与挑战

2.1 我国碳中和政策对污水行业的影响

我国是全球目前第一碳排放大国,2019 年温室气体排放量是 140 亿 t 二氧化碳当量,占全球总排放量的 26.7%,但人均碳排放量远低于发达国家。2020 年 9 月 22 日,国家主席习近平在第七十五届联合国大会一般性辩论上发表重要讲话,指出要加快形成绿色发展方式和生活方式,建设生态文明和美丽地球。中国将提高国家自主贡献力度,采取更加有力的政策和措施,二氧化碳排放力争于 2030 年前达到峰值,努力争取 2060 年前实现碳中和。作为社会循环中重要的一环,城市污废水及垃圾处理是第六大碳排放,污水系统所占碳排放占整个碳排放的 1%~2%,而整个水系统的碳排放甚至要达到 2%~3%。因此从碳排放的视角来看,整个水处理甚至环保产业并不环保,而是典型的高能耗、高物耗、高碳排放行业。根据估算,目前我国吨水处理能耗达 0.355 kW · h/m³,年耗电超过 270 亿kW · h,占全国能耗的 2%(美国约 3%):在处理过程中,每年需投加除磷药剂 25 万 t、脱水药剂 20 000 t,同时脱氮所需碳源也逐年飙升。根据相关文献测算,目前我国污水处理碳排放已经超过 0.55 kg CO_2/m,年排 CO_2 已达4 700 万 t 以上,而整个污水系统(含管网)总碳排放将超 7 000 万 t(这还不包括生源性碳排放)。

　　基于上述数据,在未来"双碳"时代,污水处理行业将面临极大的挑战,如果一味地沿着传统处理路线不计代价地以降低出水指标为目标,污水处理行业将走入死区,甚至不得不购买碳源来维持运行。而与之相对应的是,虽然整个"十三五"期间我国城市排水平均年固定资产投资接近 1 600 亿元,且 2020 年 15 556 家环保企业实现营业收入接近 2 万亿元,但近年来污水处理行业利润率持续走低,资本吸引力也逐渐下降,根本问题是缺乏新的利润增长点。则水厂的碳价值以及是否能够利用降碳所产生的收益提升行业竞争力就成了"双碳"时代行业发展的核心问题。根据对国内外大量的水厂调研情况来看,无论是荷兰的 NEWs 框架,还是芬兰的 Kakolanmäki 污水厂、奥地利的 Strass 污水厂、美国的 Sheboygan 污水厂、德国的 Bochum-Olbachtal 污水厂等碳中和案例,这些成功案例都证明污水处理厂不但能够实现碳中和,更可以在碳中和路径下实现节能降耗,甚至输出能源。这一过程不仅仅是技术上的升级,同样也是模式上的变革。根据笔者研究发现,以低碳或碳汇模式构建水厂,利润率会大幅度提升,如果碳价值能成为未来污水处理的新价值增长点而不是负担,则它将成为改变行业命运的关键点。

　　在这一背景下,如何将降碳作为污水处理中新的价值来源是亟待破局的。需要看到的是,虽然目前国内外很多学者非常关注污水处理降碳工作,并力图对污水厂碳排放进行核算,但由于污水特征相对复杂,且核算方法过于依靠当量预测,很多研究仍局限在当量核定以及静态计算上,缺乏实时动态可验证的数据源,其结果并不被 CCER(Chinese Certified Emission Reduction,国家核证自愿体系)体系所认可。换言之,整个污水处理行业目前的降碳工作仍是传统节能降耗的翻版,很多零散的降碳工作很难真正纳入"双碳"体系,更无法获得相应碳价值,这将极大地增加行业"双碳"目标达成的难度。

为根本性解决这一问题,让行业"双碳"工作走向正轨,本研究将工作重心回归到碳计量体系的构建中来。以典型污水厂为案例,构建实时碳计量体系,实时精准获取水厂碳信息,使之被 CCER 体系认可,获得碳交易价值,明晰污水处理过程中碳足迹分布,提出关键的降碳技术方案,力图将污水厂由高碳排放行业转变为碳汇工厂。

2.2　国内外污水系统碳排放现状

2.2.1　污水处理系统碳排放权重

目前,全球碳排放量接近 600 亿 t,《京都议定书》中规定控制的 6 种温室气体为二氧化碳(CO_2)、甲烷(CH_4)、氧化亚氮(N_2O)、氢氟碳化合物(HFCs)、全氟碳化合物(PFCs)、六氟化硫(SF_6)。CO_2、CH_4、N_2O 三大温室气体占到碳排放总量的 97.9%,占比分别为 74.4%、17.3% 和 6.2%。(表 2.1)

表 2.1　全球温室气体比例

温室气体类型	二氧化碳	甲烷	二氧化氮	其他气体
排放量/%	74.4	17.3	6.2	2.1

注:温室气体排放通过将每一种气体乘以其当量转换为二氧化碳当量。

这些气体的排放主要涉及 4 个大行业门类:能源利用(烧煤、燃油、发电等)、农林畜牧、工业生产、废物处置,占比分别为 73.2%、18.4%、5.2%、3.2%。污水及固废处理是第四大碳排放行业,废物处置包括垃圾处理、工业废水处理和生活污水处理等,占总碳排放量的 3.2%,其中污水处理行业占全社会总碳排放量的 1.9%,见表 2.2。由此可见,污水处理过程中的碳排放是巨大的,同时其降碳潜力也是巨大的。

表 2.2　按行业分类的全球温室气体排放量占比

行业类型	排放量/%	行业细分	排放量/%	再次细分	排放量/%
能源消费	73.2	建筑物	17.5	民用住宅	10.9
				商业建筑	6.6
		交通	16.2	道路	11.9
				航空业	1.9
				轨道	0.4
				管网	0.3
				航运	1.7
		工业能源	24.2	钢铁	7.2
				有色金属	0.7
				机械	0.5
				食品和烟草	1
				纸张、纸浆和印刷	0.6
				化学和石化	3.6
				其他行业	10.6
工业	5.2	化学品	2.2	无	无
		水泥	3		
垃圾	3.2	废水	1.9	无	无
		填埋区	1.3		
农林用地	18.4	牲畜粪肥	5.8		
		农业土壤	4.1		
		水稻栽培	1.3		
		作物燃烧	3.5		
		砍伐	2.2		
		耕种地	1.4		
		草地	0.1		

广义而言,污水处理过程中的 CO_2 排放量巨大,但生活污水中来自生源代谢过程的 CO_2 并不计入碳排放中。因此,狭义上讲,污水处理过程中的碳排放主要来自能源利用、药剂消耗、生化过程所产生的 CH_4、N_2O 以及污泥处置过程等。其中,厌氧过程会产生 CH_4,氮素转化过程会产生 N_2O,除了这些原位直接排放,污水收集和处理过程的能耗和物耗对应的异位间接排放也属于排水与污水处理的碳排放。当然,也有研究认为,污水中也包括一部分源于化石的合成有机物,这部分有机物分解应纳入,但实际检测存在困难。实际上城市污水中的有机碳源有 20%～30% 与工业生产直接相关,且污水中的污染物本质上都直接或间接来自现代工业或农业生产体系,因此污水厂中的碳实际是社会循环的废碳,对这部分的碳排放如何计算也将关乎污水处理系统总碳排放的构成。事实上,无论生源的碳是否计入,污水处理实际碳排放都有极大的下降空间,通过工艺的改进或模式的优化降低这一部分碳排放,都会对"双碳"目标的达成产生贡献。

2.2.2　国外污水处理系统碳排放现状

结合国外部分水厂的经验来看,污水厂减碳意义巨大,污水处理完全具备零碳甚至负碳潜力。欧美国家很多水厂都进行了能源自给等尝试,相关研究证明,污水处理过程有诸多降碳节点,其中能源替代与自给、脱氮路径的选择、污泥处理与处置方案、污水资源化及潜在热能利用等都将极大地影响污水厂总体碳排放,其余诸如药剂种类及投量、污水厂废气收集等也会与碳排放产生一定关联。从处理流程来看,污水处理过程中物化处理碳排放较小,而生化过程、污泥及废弃物处理处置是碳排放最大的两个单元。目前我国污水处理碳排放已经超过 0.55 kg CO_2/m,年排 CO_2 已达 4 700 万 t 以上,而整个污水系统的碳排放则超过 7 000 万 t,如图 2.1 所示。污水处理过程对整个社会碳排放的影响不容忽视。

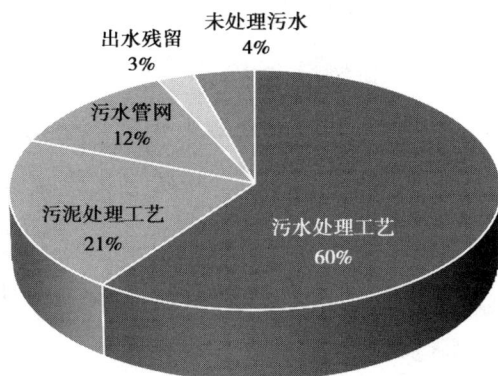

图 2.1　污水系统碳排放分布图

　　目前全世界绝大部分市政污水处理厂仍主要采用活性污泥法。自 1914 年曼彻斯特污水处理厂运行以来,好氧活性污泥法始终是主流工艺,其核心是将有机物好氧分解。与之相对应的是,未经处理的污水直排导致黑臭,将使污染物通过厌氧过程分解,不但分解效率有限,而且当量 CH_4 是 CO_2 碳排放当量的 21 倍,会产生更多的碳排放。目前,全球污水处理率仅为 20%,还有 80%的污水在直排水体。我国统计内的污水处理率虽然较高,但污水集中收集率普遍较低。因此,从整个污水系统链条来看,增加管网污水收集率对于我国污水系统减碳极为重要。从污染物代谢路径来看,污水处理理论上应该作为一个碳减排过程,可以实现既减污又降碳,但实际上污水处理往往以高能耗、高物耗为代价。过往污水处理以提高去除率为核心,将 COD 大部分变为 CO_2,在后续脱氮过程中不得不投加碳源作为电子供体,这部分碳源将产生额外的碳排放,同时过度曝气、重复提升、污泥路径差异等带来的诸多问题,最终导致污水处理成为高碳过程。

　　从另一个角度来看,正是由于过往污水处理厂缺乏对减碳的关注,也留下了极为广阔的降碳空间,未来也易于通过 CCER 体系实现自愿减碳并以碳交易的形式产生价值。以目前我国碳交易所的实时价格核算(约 50 元/t),污水厂每年总碳排放量价值大于 23.5 亿元,这一数值占到污水收费

（均价不足 1.1 元/t，年污水费用为 600 亿~650 亿元）的 2.5%以上，如考虑污水处理全部碳排放，这一比例可达 4%以上（27 亿元/年）。而目前污水处理行业平均利润尚不足 10%，如能实现碳汇水厂的架构，仅碳交易价值就至少相当于提升利润率的 25%~40%，加之减碳过程带来的能耗自给、以热能形式的能量输出、数字化革新带来的效率提升和污泥处置成本的降低，未来以低碳为目标的碳汇水厂将极大改善现有行业格局。因此，减碳过程并不是简单的政策推进，而是具有实实在在经济效益的行业革命。

同时，在更大尺度上评价污水厂的降碳，其意义更大。污水厂是水的自然循环与社会循环关键的交叉点，如何将社会循环中的碳排放进行最优途径的代谢关乎整个社会碳排放的控制。我国现有排水体制已发现诸多弊端，比如雨污不彻底分流导致的污染物未经处理进入自然水体，化粪池和污水管网沉积了大量有机碳源从而导致废水碳氮比失衡等问题，从碳排放角度衡量，这些问题所增加的碳排放比例非常高。这一点在欧美国家已经受到了极大重视，很多国家已经把排水和水处理过程作为一个整体，统一考量其碳排放因素并采取了相应措施。

数据表明，2019 年欧盟国家排水与污水处理原位直接碳排放量（CH_4、N_2O）占全社会总排放量的 0.5%，其中 CH_4 排放量占 0.3%，比 1990 年排放量降低了 56%，主要措施是将小散厌氧处理设施改造为集中好氧处理设施并加强了污泥厌氧消化沼气的收集及利用。N_2O 排放量占 0.2%，比 1990 年排放量降低了 16%，主要是由于德国和法国提高了污水脱氮水平，两国分别降低了 65%和 47%。对比欧美排水与污水处理原位直接碳排放的变化，两者存在着明显差异：欧洲自 1990 年以来持续下降，而美国 CH_4 排放量只是略有下降，N_2O 排放量反而略有上升。欧洲各国力图在污水处理系统中尽可能减少厌氧过程，同时加强沼气收集（特别针对分散污水处理），在污水厂内尽可能提高脱氮水平，特别是厌氧氨氧化等技术的应用，极大地减少了脱氮过程 N_2O 的产生，这也是其污水系统碳排放持续下降的原因。而美国虽然通过加强沼气收集对降低 CH_4 排放起到了一定作用,但其分散污水系统存在 2 000 多万个化粪池,这是非常大的 CH_4 排放源。我国排水系统与之类似,CH_4 排放量难以明显下降。同时需要看到的是,除了切萨皮克湾和墨西哥湾等敏感流域,美国许多城市污水脱氮水平并不高,如洛杉矶处理日能力为 170 万 m^3 的 Hyperion 特大型污水处理厂就没有脱氮设施。换言之,美国污水处理系统脱氮水平没有提高,而且近年来污水氮负荷还在逐步增大,这也导致了 N_2O 排放量持续增加。

如果进一步比较全社会碳排放,不难发现,欧洲 CO_2、CH_4、N_2O 三大温室气体都在持续降低,其中 CH_4、N_2O 降低更快,这与污水提供的减排存在着明显关联。从过去 30 年的趋势来看,欧盟社会总计碳减排量达到 20 亿 t,如图 2.2 所示。而与此同时,美国只是 CO_2 排放量有所降低,究其原因,美国重点在能源领域开展了减排,CH_4、N_2O 排放量基本没有变化,这与其污

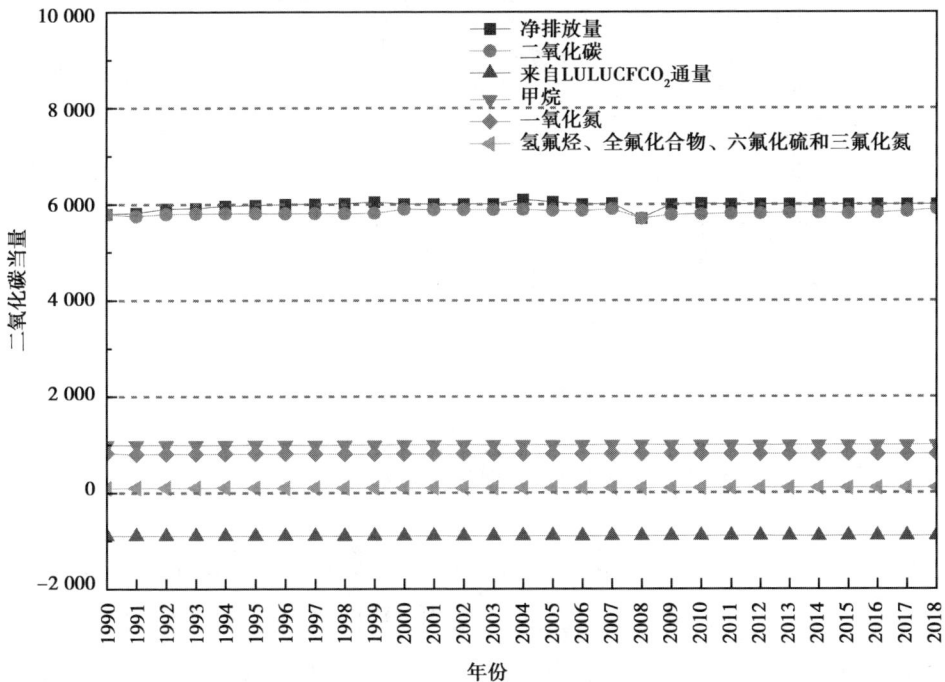

图 2.2 欧盟国家厌氧消化 CH_4 排放及回收量的变化

水处理现状直接关联,美国社会总碳排放量下降缓慢。这种相关性表明,排水系统对社会总碳排放的影响远高于预期。根据欧洲的降碳经验,CO_2、CH_4、N_2O 三大气体同步降低排放,即能源和非能源领域同步减排,才能实现较快减排,以污水系统为代表的非能源领域减排,可能对全社会碳排放的作用更加明显。

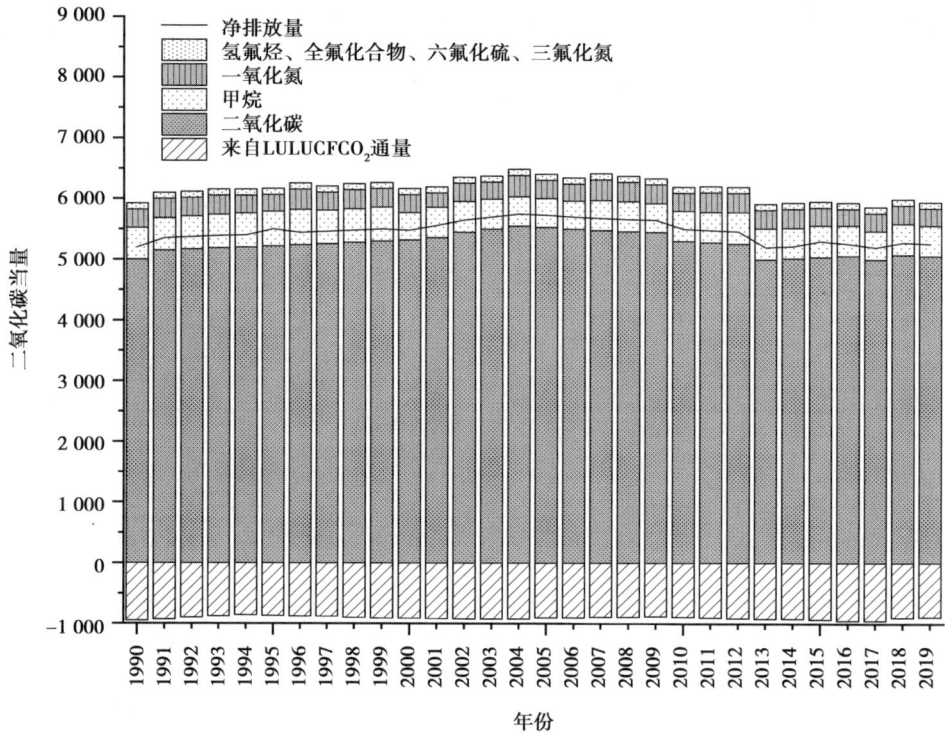

图 2.3 欧盟国家 N_2O 碳排放量的变化

2.2.3 国内污水处理系统碳排放现状

与欧美国家相对成熟、稳定的排水系统和污水处理设施相比,我国污水处理系统的发展速度是非常惊人的。据 2010 年《中国环境年鉴》统计,2008年中国城市污水处理厂共有 1 692 座,按目前年增长 10% 计,2009 年底全国城市污水处理厂总计约有 1 850 座。在过去的 10 年里,我国排水系统及污水处理设施呈现井喷式发展，"十三五"时期，我国城市污水处理率达97.53%，城市排水管网长度达 80 多万 km，较"十二五"末增长约 48.8%，城市供水管道长度也达到了 100 万 km 以上。到 2020 年，全国污水年处理量达 557 万 m³，较"十二五"增长 30%。到 2020 年，城市及县城污水处理厂共4 326 座，污水处理能力已经接近 2 亿 m³/d，同时考虑到水质指标的提升，我国 10 年来实现了污染物去除总量数倍增长，这一增长对于全社会碳排放的降低无疑是具有现实意义的。但不容忽视的是，随之而来的排水系统和污水处理过程中的碳排放增长也是巨大的。这里需要说明的是，虽然污水系统总碳排放在增加，但对于全社会碳排放是减少的，增加污染物有效处理对于降碳贡献是非常明显的。

现阶段，我国污水和污泥处理过程中的碳排放已经有诸多估算，比较明确的是，我国排水系统与污水处理过程存在着大量易产生直接和间接碳排放的因素。与美国的情况相似，我国大量使用化粪池，同时污水管网普遍流速较低，这一问题始终未受到重视。我国规范要求按照最大设计流量计算，造成大部分管线在日常运行中远低于沉降流速，有研究对 23 个城市进行了测试，发现小区出口到污水厂进水，其 COD 值下降近 30%。与此同时，氮源污染物变化很小，而在化粪池中污染物已然下降了 20%~30%，事实上有超过 40% 的 COD 并未最终进入污水厂，加之清掏周期较长，这些碳源在化粪池和管网中必然最终走向厌氧路线并排放大量的 CH_4，同时也会产生相当数量的 N_2O。实际上，管网和化粪池所带来的直接碳排放占整个系统的 1/8以上，这是非常大的。因此我国现阶段应更多借鉴欧洲国家经验提升污水收集率，减少厌氧过程中的甲烷产生，降低排水系统碳排放。

而在污水处理过程中，大量的能源、药剂消耗产生了相当数量的间接碳排放。生物脱氮过程会排放 N_2O，投加碳源所产生的 CO_2 以及厌氧消化中少量的 CH_4 泄漏等都会产生直接碳排放。目前来看，CH_4 泄漏比例并不高，根据水质指标的不断升级投加碳源所产生的 CO_2 所带来的直接碳排放增加速度最快,而整个脱氮过程 N_2O 和 CO_2 的直接碳排放以及药剂当量间接碳排放等比重增加也非常迅速,这与我国近年来提升总氮排放标准有关。我国污水厂大部分碳排放产生自生化处理过程,未来除了降低曝气过程能耗,最为关键的就是重新优化污染物去除路径,改善脱氮过程碳排放,同时以全生命周期的视角规划污泥处置路径,这将极大地改善污水处理厂的高碳排放问题。

2.3 污水厂降碳潜力分析

根据图 2.1 的数据可知,我国污水处理厂占整个污水系统碳排放 60% 以上,考虑到前端管网与后续污泥处理也与污水厂关联巨大,因此围绕着污水处理厂进行降碳在技术上是最为可行的。近年来各种研究表明,污水厂碳排放中间接碳排放所占的比重高于直接碳排放,其中能源消耗所占比重最大;其次是污泥处置,直接碳排放中脱氮碳排放最大,其余药剂碳排放、甲烷逃逸等占的比重相对较小。由于我国污水厂部分污泥采用外运进行二次处理,因此实际上很多污泥碳排放并不发生在水厂中。

2.3.1 污水厂减碳潜力分析

近年来,我国污水处理厂碳排放强度持续走高的主要原因有三:其一,不断提升水质标准导致能耗增加;其二,为深度脱氮除磷导致物耗的升高,特别是大量碳源作为电子供体的投加;其三,对污泥含水率的限制导致污泥深度脱水碳排放增加等。一百多年来,我国污水处理始终以去除效率或出水指标作为价值导向,"十三五"以来部分地区对水质指标的追求近乎苛刻,类地表四类等指标的实现不仅仅是对污水所含污染物进行最大化的代谢,甚至要不惜投加大量的外加碳源深度脱氮,在增加污水处理成本的同时,极大增加了污水处理碳排放。根据测算表明,我国二级排放标准升至一级 B

类降减碳 15%,一级 B 类升为一级 A 类,碳排放将上升 2%~10%,一级 A 类升为准地表四类水质,将使碳排放提升 15% 以上(有报道称会提升 25%),如升至地表四类,碳排放增加值将超过 40%。由图 2.4 可见,过度提高出水标准吨水碳排放将呈现出急剧增加态势。虽然提高出水标准会使水中的碳源污染物减少,理论上会降低单位碳排放,但是由于其处理过程中曝气比增加等因素必然提高其间接碳排放总量。同时,在提高标准的过程中,脱氮除磷往往依赖于投加大量的药剂或碳源物质加以实现,投加药剂等同于增加当量间接碳排放,而且碳源物质的投加还会增加直接碳排放,一级 A 类标准中,直接碳排放里面有超过 60% 来自脱氮,而如果提升至地表四类,将会有80% 的直接碳排放来自脱氮。降低出水中的碳、氮以及磷等污染物质引起的碳排放减少远远不能抵消掉脱氮、除磷以及增加能耗所带来的碳排放增加。

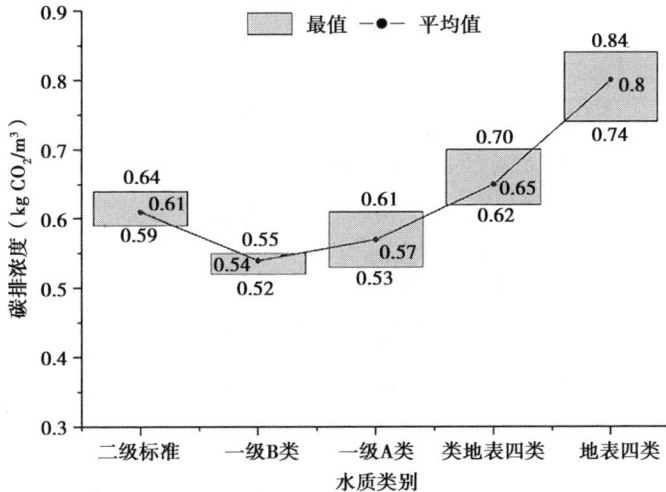

图 2.4　不同水质标准碳排放范围

从能源角度来看,目前我国污水吨水处理能耗普遍上升为 0.30~0.38 kW · h/m³ 元(均值为 0.355 kW · h/m³)。在污水厂设备效率不断提升且部分水厂已经采用智能曝气的情况下(很多老旧罗茨风机已被更新为离心风机甚至悬浮风机),能耗仍出现了增加,由于能耗与碳排放关联非常明确,不同地区电网虽存在一定的差异,但目前一般能耗在 0.8 kg CO_2/(kW·h)以上,仅此一项将会贡献水厂接近一半的碳排放,节能等于降碳这已经成为业界的共识。事实上,半个世纪以来围绕着水厂节能降耗已经开展了诸多工作,20 世纪 70—90 年代欧美很多工艺的革新都源于提升曝气效率,降低能源消耗。例如,建于 1954 年的德国 Steinhof 污水厂很早就关注到能量自给和碳中和概念;奥地利 Strass 污水厂厌氧消化产甲烷并热电联产 108% 能源自给率;芬兰 kolanmäki 污水厂热能回收贡献远大于工艺中能源回收贡献。

此外,诸如挖掘水系统内碳源,提升出水及污泥资源化利用率也被证明具有良好的降碳潜力。部分国外污水厂碳排放数据证明,污水厂的确有零碳甚至负碳潜力,这一方面要依靠对工艺过程的极致低碳化运行,另一方面要充分挖掘碳汇路径才能实现。

2.3.2　污水厂减碳路径选择

近年来,我国很多污水处理厂也在积极进行节能降耗工作。对比相同出水标准的水厂能耗数据发现,其能耗实质是下降的,但造成我国污水厂能耗升高的原因有以下 4 个方面:

①指标的不断提升造成气水比仍处在较高的区间;

②工艺链条的延长导致二次提升成本的增加;

③部分设施随着法规要求不断完善(如除臭、取消液氯投加改为紫外线等)造成的能源增量;

④污泥深度脱水引起的能耗增加。从 80% 脱水至 60%,能耗均值可达 200 kW·h 以上(高压板框能耗较低但需增加石灰等药剂),折算当量碳排放 170 kg CO_2/t 污泥以上,按照万吨水产 6 t 80% 污泥折算,相当于吨水超过 0.055 kW·h 电耗增加,并带来 0.045 kg 二氧化碳的增加。

近年来,国内各大污水处理公司都非常重视降低污水处理过程中的能耗,并力图增加水厂能源自给,也明确节能降耗将成为低碳水厂最重要的一步。"双碳"目标实施以来,仅 2021 年就有 30 余家水厂增加了光伏设施。根据测算,相关水厂光伏平均能源覆盖率达 10%~35%。以郑州为例,在光伏极致布置情况下,水厂光伏能源自给率最高可达 33%,未来这一趋势将会在行业中迅速普及,甚至可以替代我国污水处理过程 1/4 的电能消耗。但基于目前调研数据来看,污水中化学能和热能的利用仍然是能源自给的主体。一直以来,通过生物质能进行热电联产,从而尽可能提升水厂能源自给率是欧美主流能源自给水厂的基本路线。宜兴城市污水资源概念厂等项目的实施,进一步证明了能源自给在我国污水厂同样可以实现,与欧美国家形成对比的是,由于化粪池和污水管网造成的碳源截留,能源自给往往需要结合餐厨垃圾等混入消化系统,从而提升生物质能产率。

德国 Steinhof 污水处理厂号称碳中和率达到 114%,主要就是在有热电联产的加持下实现的(另外其进水 COD 高达 963 mg/L)。根据郝晓地等人的测算,虽然在进水 COD 为 400 mg/L 时,污水可提取化学潜能达 $1.54 \text{ kW} \cdot \text{h/m}^3$,但采用中温消化生物质能可以回收 $0.2 \text{ kW} \cdot \text{h/m}^3$ 的能源,不到处理能耗的 60%,反倒是热能可回收率达化学能的 8~10 倍,这虽然对水厂碳排放意义重大,但低品位热能并不能替代水厂用电需求。从这个角度来看,污水化学能的回收率有进一步提升的必要,在现有中温消化和热电联产体系下,至少要增加 25% 的外源碳才可能将光伏和生物质能之和达到水厂能量自给。但即便如 Strass 水厂这种能源自给率超过 100% 的水厂,实际在运行中仍然需要电网能量补充,事实上新能源利用受外界因素影响很大,而且也与水厂自身能源利用方式有关。目前各种研究都关注在能源自给率上,而对能源利用方式以及如何最大化地发挥能源替代比率研究不多。

实际上,要想污水厂真正实现能源自给并成为零碳或碳汇水厂,不仅仅要从能源自给方面进行技术革新,还要继续发展节能降耗(减少吨水能耗)

技术,综合考量新能源利用方式,大力发展蓄能及能量分配体系,最大化实现水厂热能替代电能,探索多种能源反哺社会路径。过往诸多研究主要集中在节能降耗以及水厂能量自给上,对其他方面的研究仍有很多欠缺。

污水系统节能降耗近年来受到的关注较多,从污水厂实际能源分布中来看,生化过程能耗最大,其中曝气能耗占比最大,占整个水厂能耗的60%。目前很多水厂已经将气水比从7~10降低至6左右,部分水厂采用精确曝气技术后可降低至4以下,这将使得未来曝气部分的能量有50%以上的下降空间。而提升、内循环以及搅拌部分的能量占比虽然也接近水厂的25%,但其可节省的空间极其有限,尽管内回流比例可精确调整,但泵组效率提升非常困难,一般认为这部分仅有5%~10%的节能空间。剩余部分为水厂设备用电,包括紫外灯、回流泵、格栅、压榨洗砂以及污泥处理部分等,这部分能耗占比不到10%,其节能空间也仅有10%左右,而目前可以通过能源替代等节省最多的是污泥处置部分,不考虑污泥深度脱水或处置,水厂未来的节能空间应有1/3左右。

以热能利用为例,充分利用水厂的冷、热调蓄对于减碳意义重大。以热泵技术为例,在$\Delta t = 4$ ℃,COP值为4的情况下,污水厂吨水可提冷、热值达到1.77 kW·h(供热)和1.18 kW·h(制冷)。如果$\Delta t = 6$ ℃且能够极限利用热能,甚至可达7 kW·h,而可提取化学能最大潜力仅有1.12~1.93 kW·h(对应进水COD为300~500 mg/L),实际回收率仅在15%左右,如图2.5所示。考虑到消化方式以及消化过程热量的补给,实际真正获取的电能不足60%,但如果将中温消化提高成高温消化,理论上化学能产率会有一定的提高,这就等同于以热能转化为电能。在热能利用中,如果能够在污水厂内对其热能进行充分利用往往是最为经济的。事实上,虽然污水厂热能资源稳定性好,潜热量大,但很多研究发现,水厂热能由于品位相对较低,其经济服务半径仅有3~5 km,因此绝大部分水厂热能资源都无法有效应用。换言之,污水厂热能应重点考虑厂区内的替代,甚至将需要热能的设施与水厂充分结合才能最大化地发挥其作用。目前部分低温干化技术具备这样的前景,根据诸多文献分析,充分应用水厂很容易从碳排放变成碳汇。

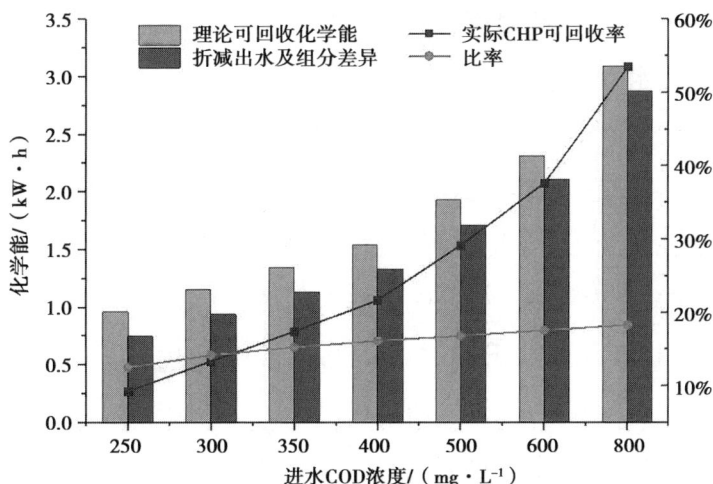

图 2.5 污水理论化学能与可回收化学能

污水厂目前使用最为广泛的新能源是生物质能、光伏以及风能。根据前文所述,比例最大的依旧是生物质能应用,由于我国进水平均 COD 已经降至 300 mg/L 左右,因此在中温消化下我国水厂生物质能仅能满足不到40%的水厂自身能量需求,而按照平均光照强度以及水厂可安装面积计算,未来我国水厂光伏仅能满足 25%的能量需求,而风能稳定性差,安装使用限制多,即使增加风电,其发电量预计仅为光伏的 10%~20%。因此在现有新能源使用方式方面,能量缺口非常明显,实际上水厂使用新能源的比例远低于这一计算值。

光伏及风能等新能源分布并不均匀,而污水处理过程能量消耗趋于均匀,很多水厂在日照充足时将廉价的太阳能上传电网,而在无光照时不得不高价从电网买电,因此新能源给水厂带来的收益往往达不到预期水平。这一问题在很多新概念水厂中凸显,风能则更加不稳定,且光伏和风能提升潜力有限,而生物质能则具备进一步提升空间。从报道来看,虽然近年来光伏增长率最快,但主流研究依旧围绕在提升沼气产率方面,遗憾的是,目前研究多集中在诸如外加餐厨垃圾等碳源提升中温消化沼气产率或者尽可能通过工艺获取更多的碳源进行消化方面。其中,如何回收管网或化粪池的存量碳源,以及如何通过高温消化获取更高的能源转化率(特别是南方地区)更符合我国污水厂现状。

新能源的应用实际上面临着能源分配的问题,目前我国在光伏、风能等总量上已经非常庞大,合理充分利用污水厂面积虽然能取得一定的成效,但并不是决定性的措施。从能够真正意义上实现水厂不依赖于外界能量角度而言,蓄能往往更为重要。如果能满足水厂蓄能要求,则可以将光伏、风能、生物质能利用率大幅度提升。一般而言,光伏和风能可以通过动力电池、重力蓄能等方式进行调蓄,但重力调蓄在污水厂内很难实现,动力电池又涉及安全问题,生物质能可以通过沼气的调蓄加以实施,但是国内污水厂沼气蓄气量一般仅为40%~60%,即整体能源调蓄量的20%~30%,这是远远不够的。目前我国很多水厂理论设计能源自给率可达75%以上,但实际仍有50%以上的能源仍来自电网。如果水厂能源自给率达到100%以上,考虑水厂能源使用的分配,建议其蓄能也要达到100%以上(考虑极端气候影响)。蓄能不仅是技术问题,同样也是模式问题,如何将高能耗的单元在能源充足时使用,如何采用新的储能(甚至储存介质)技术都将影响水厂的能源平衡。

此外,针对目前污水厂热能和资源回用困局,国内外相关研究学者也做了大量的尝试。目前来看,冷能和热能的反哺往往受制于服务半径,事实上,尽可能在污水厂内消化一部分冷、热能经济上更为可行,同时回用水也能大幅度提升水厂碳汇水平。如何提供更多、更广的能源资源回用路径是决定水厂碳排放或碳汇水平的关键,这也是未来很多新概念水厂构建的核心。

在污水厂工艺碳足迹控制方面,目前很多基于前端碳捕集的工艺越来越受到行业的关注,其中以 AB 路线构建的碳回收已经取得了一定成功。目前行业的共识是,不要通过过量的曝气把污水中碳源在前端变成二氧化碳,虽然生源性的碳并不计算到总碳排放中,但它会影响后续脱氮过程、整体能耗,甚至影响生物质能回收率。因此,如何尽可能捕集碳,并精确释放碳获取脱氮、生物质能等收益才是最佳的低碳路径。

对于氮源污染物,它与 N_2O 的排放关联巨大,同时受外加碳源影响。相关研究表明,厌氧氨氧化工艺碳排放优势最为明显,即便是侧流厌氧氨氧化都对水厂整体碳排放的降低意义重大。而短程消化则有利于产生 N_2O,最大的 N_2O 产率甚至可占氮素循环的 10% 以上。N_2O 的产率与亚硝酸盐的积累息息相关,过低的 C/N 实际是容易产生高碳排放的,而在反硝化过程中,研究者认为投加碳源是要计入到整体碳排放中的,因此如能够充分挖掘污水中的碳源,则可以有效实现低碳脱氮。

另一个影响水厂降碳潜力的是对污泥的全生命周期管理。目前已经有很多研究质疑污泥减量是不是正确的选择,以低碳的视角看让碳元素尽可能被驱动到污泥中,从而最大化地发挥生物质能优势。但很多研究也表明,无论是填埋还是焚烧,实际上污泥以绝干污泥计算每吨都要产生 1 t 以上的碳排放(能量主要来自电能或燃料),部分工艺路线甚至要突破 1.5 t。因此,前端回收的碳必须要有更为有效的碳回收或者降解路线的搭配才具备降碳价值,诸如污泥碳释放补给脱氮、高温消化等在未来拥有广阔的发展空间,在探索污泥碳排放最优路径时,不能以单一的处理观点来看,要充分考虑全生命周期碳排放的变化。

综合以上论述,污水厂节碳潜力是巨大的,其中能量自给是实现水厂碳汇的关键,污泥路径的选择以及对污水处理过程碳足迹的优化和分配也将带来明显的降碳收益。

2.4 污水处理低碳技术进展

目前,各国学者针对污水厂低碳技术展开了大量的研究和实践,主要集中在能源优化利用、低碳工艺路线以及污水厂资源化与碳补偿等几个方面。

2.4.1 能源利用方式

污水处理厂是水-能源相互作用的典型案例。在污水处理厂,水质的改善是以能源消耗为代价的。污水处理厂的能源足迹连接着水足迹和碳足迹,废水处理能源使用导致的温室气体排放增加,污水处理厂的能源足迹、水足迹和碳足迹都值得研究。污水厂能源消费将产生间接碳排放,不同地区和国家的能源消费方式导致单位能耗碳排放的不同,这会对污水处理厂的碳排放系数产生影响,包括我国在内能源组合严重依赖化石燃料的国家,污水处理厂往往很大一部分碳排放归因于能源消耗。因此在我国,节能往往等于降碳,在水厂能源消费中排在前3位的工艺环节分别是曝气系统、提升系统和回流(推流)系统,这3个系统是污水处理厂实现碳减排的关键环节。

整个能源应用中,曝气所占的比例高达40%~70%。尽可能降低水厂能源消耗的核心在于精确曝气的实现,虽然传统观点认为水厂气水比最佳范围应为3~7,但不同水质、工艺类型,以及运行方式都可能造成极大的差异。实践表明,个别污水厂在最佳条件下气水比已能突破3的极限,但大部分中小污水处理厂还远未达到这个比例,精确曝气可实现曝气系统节能30%以上,加之新型风机和曝气头的更新,理论上曝气过程有望减少50%的能耗,这也是这方面研究比较受到关注的根本原因。回流系统和提升系统节能空间有限,主要依靠泵等水力机械效能的提升,但数字孪生系统的实现、仿真模型的构建,以及机器学习技术的应用可以给出污水厂在各种工况下的最优解,这对于提升处理效率和实现节能有很大的帮助。

虽然节能潜力很大,但如何对现有能源进行替代,才是达到水厂能源自给的核心。通过对比不同国家污水处理系统发现,各国污水处理都存在能源消耗高并导致碳排放高的问题。据北京排水集团测算,其间接碳排放99%源于电力消耗,而电力消耗主要集中在污水处理、污泥处理和再生水供应板块,占北京排水集团碳排放总量的96.4%。而规模更小的水厂或农村污水项目的能耗碳排放会更高。实际上,污水处理中的能源替代主要源于生物质能、太阳能、风能等新能源的应用,这些新能源碳排放当量几乎可以忽略,其中以消化为核心的沼气应用技术近年来再度被关注,其能源可替代率是最大的。

研究表明,我国污水处理厂按照厌氧消化热电联产路径进行 CH_4 回收后,理论上可以弥补 40% 左右的能量消耗,但并不能达到碳中和目标。郝晓地等对比国内外多个水厂发现,大部分水厂热能价值都远高于化学能价值,以某厂为例,供热时其出水热能与化学能所占总潜能值比例分别为90%和10%。因此很多研究也积极专注于热能的转换和利用,荷兰 Utrecht 污水处理厂、芬兰图尔库市 Kakolanmäki 污水处理厂、英国 Hogsmill 污水处理厂等已经获得了实际的减碳效益。诸如奥地利 Strass 污水厂、德国 Grüneck 污水厂、宜兴新概念水厂引入部分外源污染物提升生物质能产率也能实现能源自给和碳中和。

未来污水厂能源利用是多样化的,因此未来污水厂不应仅仅作为一个处理节点去理解,而应将其作为水的社会循环中回收能源的载体。诸如蓄能、虚拟电厂等概念也会随着水厂能源自给率的提升而得到发展,这也说明目前对于能源应用模式的研究还有很大的不足。

2.4.2 低碳工艺路线

污水直接碳排放制与工艺路线有很大的相关性,不同的脱氮模式、不同的碳源代谢路径、不同的污泥增殖方式都会产生很大的差异。此外,工艺路线的选择、能耗、物耗等也会对污水处理碳排放产生较大的影响。相关研究也已证明,不同工艺路径会导致极大的碳排放差异。很多以提高去除率为目标的工艺体系从降碳的视角来看并不一定合理。

比如传统的污水处理以碳源污染物处理的最大化为目标已经不再合适,延时曝气法这种污泥产量低、去除效率高但负荷较低的工艺已经被认为是不利于降碳的,而以 AB 法为代表的对水中碳源能够实现捕集或回收的工艺在低碳目标下获得重视。研究表明,以 COD 捕集为核心的新 A-B 工艺,如 CEPT+短程硝化-反硝化工艺可捕集污水中 43% 的有机物用于能量回收,产生电能 2.09 kJ/g COD,污水处理厂能源效率为 65.31%。短程硝化-反硝化工艺与 HRAS 工艺进行耦合。该工艺组合可捕集污水中 47% 的有机物用于能量回收,产生电能 2.29 kJ/g COD,污水处理厂能源效率为 71.56%。厌氧+短程硝化-厌氧氨氧化工艺组合中 65% 的有机物可通过厌氧处理直接从污水中回收甲烷,8% 的有机物通过厌氧发酵进而产生甲烷,即最终可捕集污水中 73% 的有机物用于能量回收,产生电能 3.55 kJ/g COD,污水处理厂能源效率为 110.94%,如图 2.6 所示。

由此也可以看出,如果以碳中和为工艺运行目标,剩余污泥将不再成为污水处理的"负担",甚至可变成碳中和运行的资源,大量的剩余污泥量能保证其在厌氧消化过程中转化为生物质能,成为能源自给的关键。欧美国家很多污水厂通过 COD 内源截留与外源挖潜方式最大限度地实现"污泥增量"。在内源截留方面,可对进水 COD 实施前端浓缩或筛分,但仅限于高负荷 COD 进水情况。针对我国市政污水 COD 普遍偏低的情况,前端浓缩或筛分 COD 似乎并不适用,外源挖潜成为关键,部分水厂寻求厨余垃圾进入消

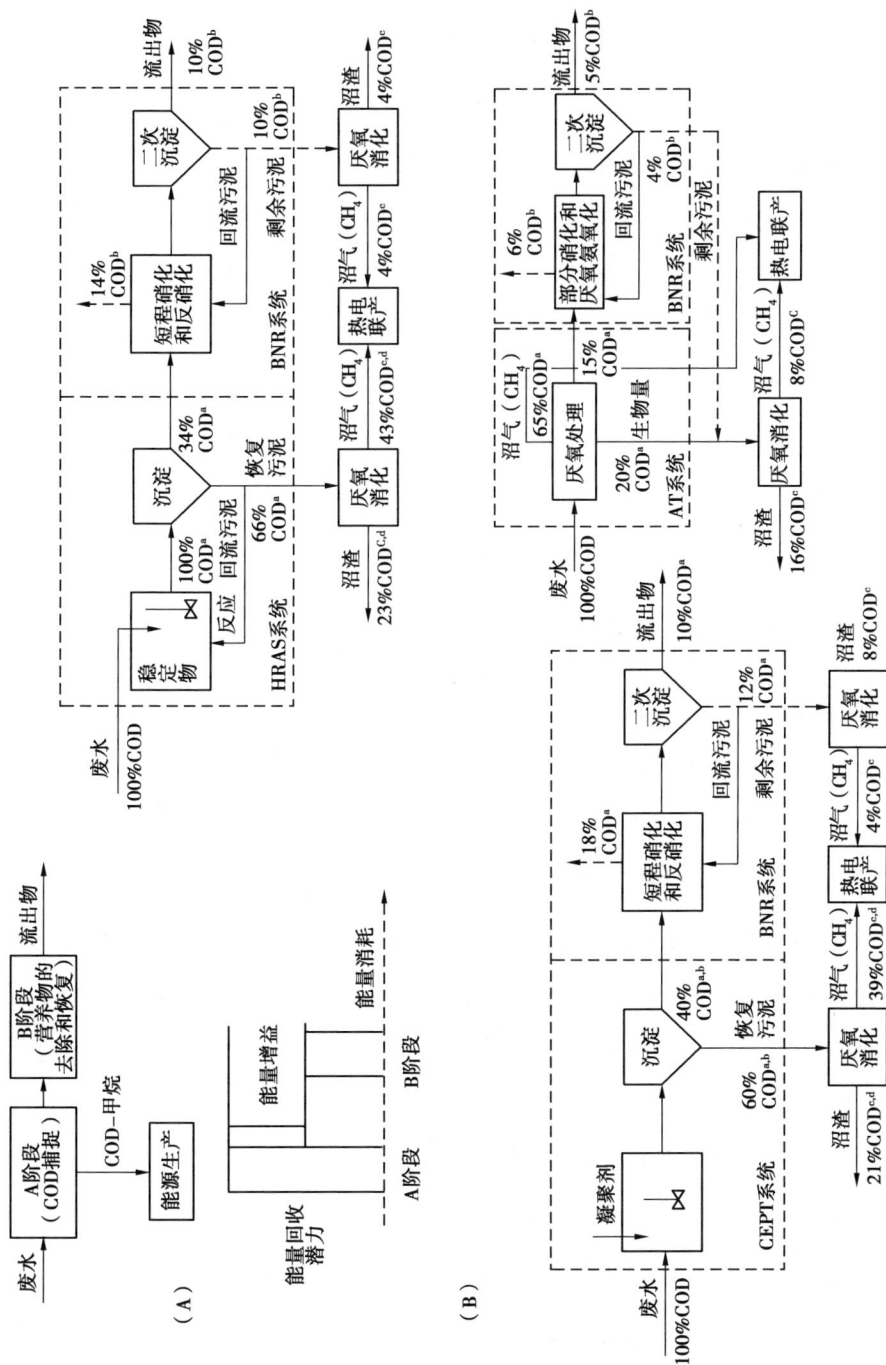

图2.6 基于AB法回收污水中碳的不同工艺对比

化系统,实现"污泥"增量并达到能源自给。

此外,研究发现脱氮过程所产生的 N_2O 在污水处理直接碳排放中占比极高,污水处理过程甚至对全球 N_2O 排放都有巨大影响。大量的研究发现,脱氮路径的选择对碳排放影响非常大,很多学者力图从污水中回收一部分氮,但是对污水氮回收的最低碳方式应该是粪尿返田和污水农灌,其他方法并不具备经济性和碳排放合理性。有研究证明,CH_4 吨水碳排放量、能耗吨水碳排放量和物耗吨水碳排放量与 BOD_5、TN 进水浓度及 BOD_5 去除率显著相关,N_2O 吨水碳排放与 TN 与 BOD_5 进水浓度显著相关,而非生物作用导致的 N_2O 产生量极小(占比<1%),在各研究中通常被忽略,但生物与非生物耦合过程(即 NH_2OH 与 NO_2 的相互反应)可以导致 N_2O 的大量释放。

研究表明,在传统硝化反硝化工艺中,N_2O 由不完全硝化和不完全反硝化产生,其中不完全硝化是主体,亚硝酸盐的积累与 N_2O 排放存在显著的关联。一般异养脱氮 2%~5% 的 N 转化为 N_2O,脱氮占直接碳排放的40%~80%,由于 N_2O 当量接近 CO_2 当量的 300 倍,作为直接碳排放往往当量巨大。短程硝化更易引起 N_2O 产生,其中 SHARON 节能 25%,提升 N_2O 转化率50%,减少碳源 40%,如分段进水最高可降低 50%;SHARON-ANAMMOX 节能 60%,N_2O 来自短程硝化段,ANAMMOX 段 N_2O 极低;SQND 工艺 N_2O 转化率约占去除量的 7%,远超传统脱氮工艺。如要降低脱氮过程的碳排放,要严控 N_2O 排放,主要依靠提高 C/N 比,严防亚硝态氮积累,控制 DO 值,控制 pH 值(>6.8)以防止 N_2O 逸出等措施。脱氮过程不完全硝化及不完全反硝化路径如图 2.7 所示。

污泥处理与处置对水厂碳排放的影响也是巨大的。由于污泥全生命周期中碳排放持续发生,因此无论填埋、土地利用,还是堆肥等都会产生极大的碳排放。污泥碳排放产生的过程与污水不同,呈现出明显的阶段性,传统污泥脱水至含水率 80% 左右时,其占水厂能耗比例的 5%,而一旦深度脱水,其能耗将激增,甚至增加吨水能耗的 15% 以上。我国很多污水厂并不包含

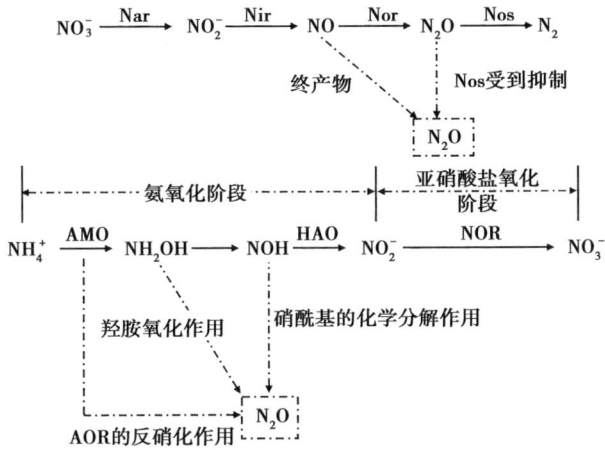

图 2.7 不完全硝化及不完全反硝化路径图

污泥处置环节,因此对于后续污泥产生的全生命周期碳排放计量并不准确,也无法有效控制。在统筹规划污水污泥协同处理时,会发现很多污泥处置方式中的碳排放极高,例如近年来被广泛采用的污泥焚烧路线,无论前端进行何种工艺预处理,其每吨干污泥所产生的碳排放均超过 1 t,部分工艺路线甚至要突破 1.5 t。

很多学者也对比了土地利用、堆肥等路径下不同的碳排放情况。例如戴晓虎团队研究认为现有污泥处理处置技术路线碳排放水平为:深度脱水-填埋>干化焚烧>好氧发酵-土地利用>厌氧消化-土地利用。也有部分研究推荐将厌氧消化/好氧堆肥+土地利用作为污泥处理处置首选方法,其次是焚烧和建材利用,最后是卫生填埋。实际上,很多污泥路线的选择应该因地制宜,随着碳中和目标的推进,未来污泥处理和处置应以节能降耗及能源资源回收为目标。而目前的诸多研究还仅仅局限于污泥减量、深度脱水等方向,如何从大尺度社会循环的视角实现污泥的降碳甚至固碳将是未来研究的重点。

2.4.3　污水厂资源化及其对碳补偿

从循环经济角度来看,资源再利用本身就可以降低能资源消耗。污水厂是水的社会循环与自然循环的交接点,同时也是污染物和剩余能资源的载体,充分利用污水厂回收能源和资源对于全社会节能降碳意义重大。传统的水处理思维认为,开发更可持续和基于循环经济的废水处理系统的两条主要途径是:①创新和整合能源、资源高效利用的厌氧废水处理系统;②加强碳捕获,将其转用于能源回收。国外有研究对比了 5 种不同的替代方案与常规处理方案,结果表明,污水处理厂可以通过加强碳捕获、接受外部有机原料进行能源回收以及实施厌氧生物电化学处理发电来实现能源自给自足。这些措施有必要结合起来,才能建成更节能、更节约资源的废水处理系统。

广义上讲,污水厂资源化和对社会的反哺是多元的。有研究对污水处理厂当前的性能评估 5 种技术备选方案进行了对比,结果表明,实时 N_2O 控制、生物沼气升级和预过滤理论上都可以减少气候变化和化石资源耗竭的影响。除了实时控制 N_2O 外,环境改善对所有替代方案都产生了经济成本。一些研究结果揭示了大型污水处理厂在未来几年向资源回收设施转型的过程中可能进行的环境和经济权衡和存在的热点。其中,荷兰提出了 NEWs 理念,即未来污水处理厂将是营养物(Nutrient)、能源(Energy)与再生水(Water)的制造工厂(Factories),包括 Nutrient 工厂——生物强化除磷+AD+焚烧回收灰分,Energy 工厂——有机质截留+超临界气化,Water 工厂——MBR+O_3+BAC+RO/湿地系统,如图 2.8 所示。NEWs 理念进一步诠释了污水厂能资源回收潜力,虽然很多研究对部分污染物回收经济成本提出了质疑,但考虑到我国每年外排超过 700 亿 m^3 的淡水资源,其中蕴含超 2 000 万 t 碳资源,矿物质氮超 330 万 t、磷超 70 万 t、硫超 70 万 t,甚至可以以热能形式回收

$1.9×10^{11}kW·h$ 能量,其经济价值不可忽视,如图 2.9 所示。

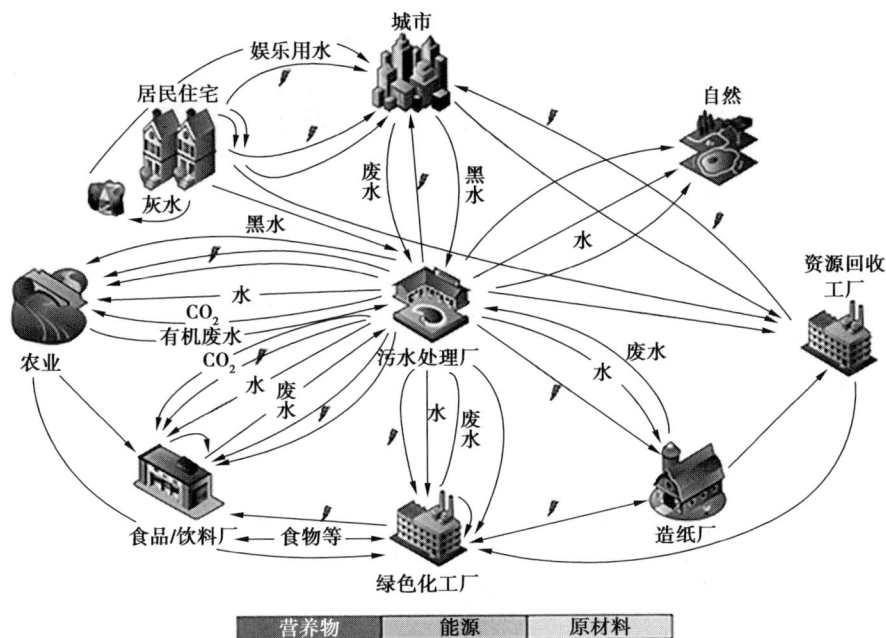

图 2.8　荷兰 NEWs 理念图

目前,国内也在积极建设新概念水厂,资源回收的模式和方法正在不断丰富,大量案例也表明很多碳中和污水厂都是依靠回用、能资源回收实现的。其中,以热泵技术为代表的对污水余温的充分利用也受到了很大的关注,污水余温可以通过水源热泵(Water Source Heat Pump,WSHP)加以原位利用,污泥干化所需热量则可以大大减少,甚至无须外部能源。过往的研究认为,热泵外源应用受到输送半径的限制,但国内部分项目在冷源供给等已经逐步突破这一距离限制,诸如机场、车站集中供冷、热电站降温等都可以充分发挥污水厂余温。未来甚至应该考虑如何将外部能量需求植入厂内,或围绕污水厂进行能源体系构建,这将对整个社会节能降碳产生更为重要的价值。

此外,部分研究表明,同发达国家相比,我国污水厂沼气消耗占能源比

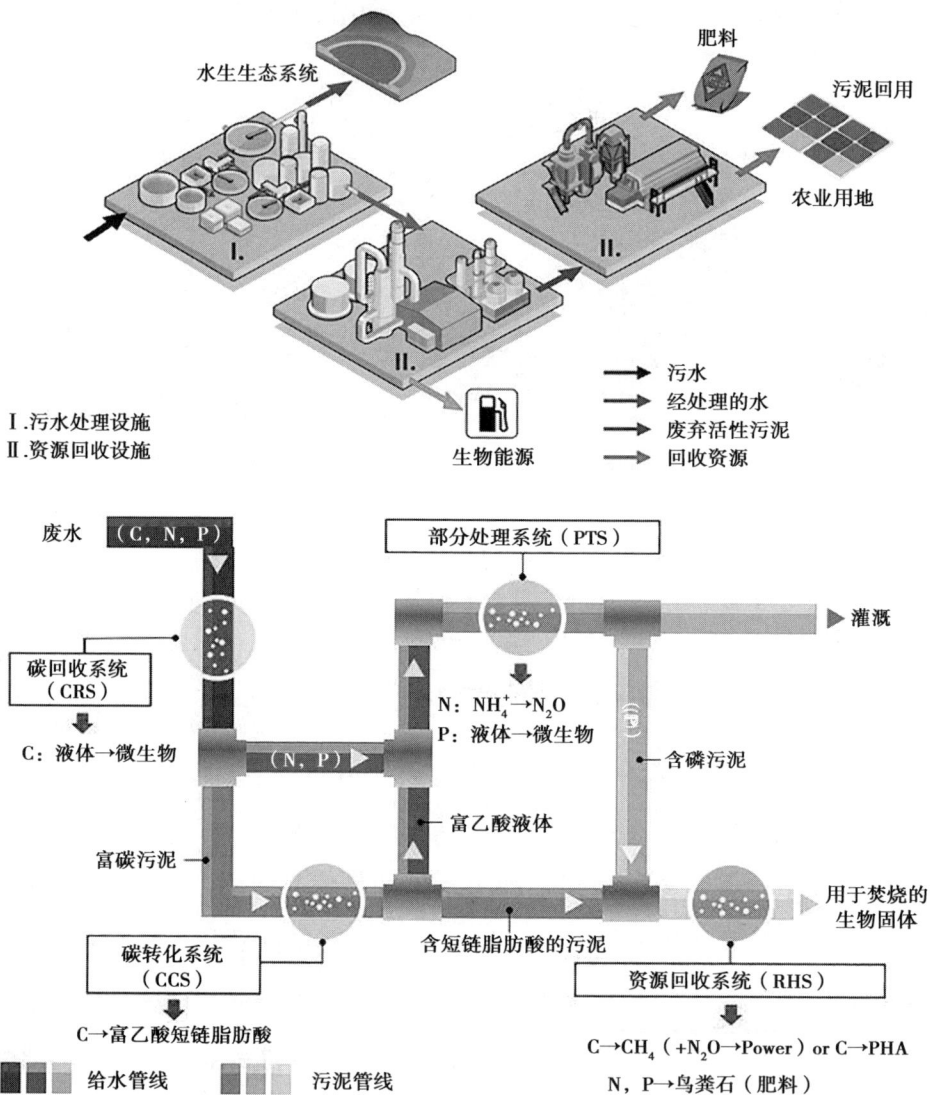

图 2.9　污水资源及能源可回收路径

例仅有 0.25%,如表 2.3 所列。在应用生物质能领域,我国仍有进一步提高空间,沼气利用过程中虽然也存在甲烷这种强温室气体逸散的问题以及运行安全隐患,但因此减少厌氧消化过程,损失生物质能的应用是得不偿失的。诸多研究表明,生物质能仍然是污水处理过程获得有效碳汇的重要手段。未来我国污水厂对于回用水、污水厂能源和资源的回收都将系统化、最大化,这不仅仅是为满足降碳的需求,也是未来提升污水处理上效能、增加行业利润空间的唯一途径。

表 2.3　各国污水沼气能源回收比例

国家	能耗/ $(kW \cdot h \cdot m^{-3})$	能耗是否含污泥处理处置	占全国能源 消耗量比例/%
美国	0.52	不包含污泥中能源回收	0.60
中国	0.31	仅含污泥脱水	0.25
德国	0.40~0.43	含污泥能源回收单元	0.70
南非	0.079~0.410	不含污泥处理处置单元	—
日本	0.304	含污泥消化	—
韩国	0.243	不含污泥能源回收单元	0.50
瑞典	0.42	含污泥能源回收单元	1.00
瑞士	0.52	含污泥能源回收单元	—
西班牙	0.53	含污泥能源回收单元	—
以色列	—	—	10.00

第 3 章

污水厂碳信息采集方法

3.1 污水厂碳排放边界

污水厂碳排放边界是进行碳核算与计量最为重要的一步。污水厂是水的自然循环与社会循环的交界点,污水中污染物的迁移不是单线程去除的过程,涉及能源的消耗、物料的投加、污泥的转化等诸多方面。污水厂前端并不是所有的碳源都被认为是生源性的,其处理过程中还需要按照不同的来源重新定义污染物碳排放核算范围。此外,诸如外加碳源的来源、外源生物质能、新能源利用与消费、污泥去向等都与其他工艺体系有关联。因此,虽然物理上污水厂厂界非常清晰,但在污染物、物料、污泥等来源及迁移方面仍然要定义清晰的边界。因此,在实际计量过程中,污水厂碳排放边界往往在逻辑上划分为若干个层面,包括水相污染物边界、泥相污染物边界、能源及物料消耗边界等。这种多层级多维度的划分适应于计量逻辑,具体到每一个工艺单元,计量过程也都有对应的方法获取高质量碳排放信息,如图3.1 所示。

以典型污水厂为例,经过多次改建扩建,其碳排放边界相对复杂,水相边界分两期,进场边界位于各自粗格栅前的汇水井处,一期出水边界建议放在消毒之后,而二期也以滤池出水消毒后的节点为边界,活性焦炭滤池归属其他单位管理不必计入(管理权限上来看,后续回用水处理属于其他公司)。

这几个节点已有在线监测数据,目前以测试水温、pH、COD、氨氮、总氮、总磷为主,其余指标可定期监测。这里需注意的是,由于汇水区域内绝大部分企业并不包含生产加工环节,其排水仍然在综合用水范畴中,虽然在设计之初预期 90% 为市政用水,10% 为工业用水,但由于近年来绝大部分工业企业搬迁,因此典型水厂被定义为 100% 生源性碳。其他有工业污水的城市应按照流量计与其在线监测数据加权获得污染物当量,按照其当量占比将 CO_2 碳排放计入到水厂总碳排放中。

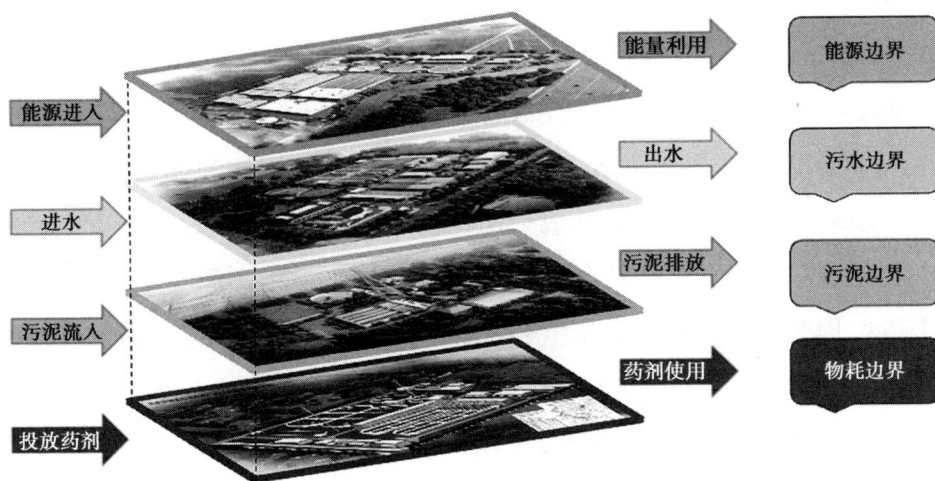

图 3.1　污水厂各单元碳计量方案

能源边界包含 4 个部分:获取电网用电、新能源使用或交换、污水厂生物质热电应用、污水厂热泵能源。能源边界理论上与厂区边界重合,但典型水厂一个厂区内有多家运营单位,因此以其管理的工艺边界作为能量边界更为合理。需要说明的是,电网碳排放并非定值,需要根据区域电网定期发布的数据进行修正。新能源以太阳能和风能为主,典型污水厂主要为太阳能,太阳能发电产生量并非简单赋值为零碳排放,它和应用方式有关。实际上,现在大部分光伏都是上网交易,再从网上取电,其价格差和碳排放差非常明显,但有蓄能装置则存在明显的不同,因此能源碳排放及能源效益应着重与实际利用率和电网交换律关联。生物质热电联产根据生物质量以及热电比率进行确定,这与污水污泥处理工艺关联度大,需要根据污泥性质和产量定时计量。而热泵能源及碳补偿,一方面要确定其COP值和热能利用量,另一方面要根据热能应用流向获取实时碳汇数据(实时当量信息)。

污水厂污泥边界是污泥处理与污泥处置的分界线,目前很多污水厂这一分界线并不清晰,典型水厂尤其复杂。其污泥处理和处置分属不同的公司,因此可以将80%污泥作为一个当量指标,用以量化污泥处理过程中的能耗、物耗以及厌氧消化产率等,这一边界位于污泥进泥至脱水机出泥相对清晰。以干污泥作为一个当量指标,用以量化深度脱水、干化、焚烧或堆肥等,形成LCA碳排放数据,这一边界从脱水机出泥到后续污泥全生命周期。

污水厂物耗边界有两条边界:一条为物理边界,以物料到污水厂为准,厂前运输、药剂当量可以合并成为药剂使用当量碳排放;另一条为逻辑边界,药剂使用过程中直接碳排放以及剩余物质(如后续污泥等污染物)的当量碳排,因此应以反应体系为边界获取当量污染物或当量直接碳排放信息。其他GHC排放以及过程碳排放应以厂区或周界为边界,这一测试实际上可以校核各种反应过程的直接碳排放,是重要的碳信息来源。

3.2 污水厂直接碳排放测试方法

直接碳排放测试一般用于排放口或有持续排放源强的污染工艺碳排放测试。直接测试法数据来源准确,可靠性高,但对于区域碳排放测试或面源污染力有不逮。在污水厂碳排放核算中,直接碳排放可作为一种重要的数据来源用以测试诸如废气排口、进出水、密闭体系排风口等,同时也可以作为数据校核的重要依据。在有条件的情况下,污水厂碳计量过程应尽可能获取直接碳排放信息。

在本项目中,重点监测排放的温室气体包括二氧化碳(CO_2)、甲烷

(CH_4)、氧化亚氮(N_2O)。依据 IPCC 指南，污水处理厂直接温室气体排放目前只考虑 CH_4 与 N_2O，为保证调查结果的严谨，并核算降碳基数，将 CO_2 也考虑在内。本项目中直接温室气体排放包含污水处理厂水面通量测量和厂界内温室气体实测估算，具体数据清单如表 3.1 所示。

表 3.1　典型污水处理厂直接温室气体排放数据清单

参数	采样点	采样频率	检测方式
污水处理厂水面 CH_4、N_2O、CO_2 排放	初沉池(一期 4 个,二期 4 个)、生物池(一期 4 个,二期 4 个)、V 形滤池(二期 1 个)、二沉池(一期 8 个,二期 6 个)、高效沉淀池、污泥处理区(厌氧消化、污泥干化、除臭)、接触消毒池、排放口	1 次/天	通量箱法、在线监测装置
厂界内其他 CH_4、N_2O、CO_2 排放	厂区内平均布点	1 次/周,1 样/50 m^2	静态箱法、离线气相色谱

污水处理厂水面通量测量采用温室气体在线测试装备,包含主机部分、传感装置、采样系统、数据分析传输系统等。其中,在污水厂各单元水面采用通量箱法+温室气体在线监测装置测定水-气界面 CH_4、N_2O 及 CO_2 通量,包括初沉池(一期 4 个,二期 4 个)、生物池(一期 4 个,二期 4 个)、V 形滤池(二期 1 个)、二沉池(一期 8 个,二期 6 个)、高效沉淀池、污泥处理区(厌氧消化、污泥干化、除臭)、接触消毒池、排放口等。测量 CH_4、N_2O 及 CO_2 浓度,布置在线监测仪器。以上温室气体在各采样区的采样频率均为 1 次/天,每日并发数据约 120 个,见表 3.2 所列。

表 3.2   污水处理厂水面 CH_4、N_2O、CO_2 排放

采样点	参数	预计采样数量	检测方式
初沉池 (一期 4 个,二期 4 个)	尺寸半径 $R=20$ m	每池平均布点 4 个,测量一组数据,共计 32 组数据	通量箱法、在线监测装置
生物池 (一期 2 座 4 池,二期 2 座 4 池)	一期单池尺寸: $L×B×H=160$ m×62 m×6 m	按好氧、厌氧、缺氧区域,每区域平均 4 分格,测 4 组数据,共计 3×4×4=48 组数据	通量箱法、在线监测装置
	二期单池尺寸: $L×B×H=$ 118.1 m×97.7 m×5.8 m	按好氧、厌氧、缺氧区域,每区域平均 4 分格,测 4 组数据,共计 3×4×4=48 组数据	通量箱法、在线监测装置
V 形滤池 (二期 1 个)	单池面积 15 m×8 m=120 m² 1 座 16 池	每池平均分 2 区域,每区域测 1 组,共计 32 组数据	通量箱法、在线监测装置
二沉池(一期 8 个,二期 6 个)	一期($R=22.5$ m),二期($R=26$ m)	每池平均布点 4 个,测量一组数据,共计 56 组数据	通量箱法、在线监测装置
高效沉淀池(二期 4 座 8 池)	单池尺寸为 33.8 m×31.75 m×7.5 m	每池平均布点 4 个,共计 32 组数据	通量箱法、在线监测装置
污泥预浓缩	预浓缩池($R=15$ m),封闭	测 1 组数据	通量箱法、在线监测装置
污泥浓缩贮泥池(1 座 2 池)	浓缩前贮泥池 19.6 m×9.2 m	每池平均分 4 区域,共计 4 组数据	通量箱法、在线监测装置
	浓缩后贮泥池 23.6 m×6.5 m	每池平均分 4 区域,共计 4 组数据	通量箱法、在线监测装置

续表

采样点	参数	预计采样数量	检测方式
污泥脱水（一期 1 座 3 池）	剩余污泥贮泥池（18 m×10.0 m）混合污泥贮泥池（17 m×5.5 m）消化污泥贮泥池（11 m×10.0 m）	每池 1 组数据，共计 3 组	通量箱法、在线监测装置
污泥脱水（二期 1 座 1 池）	脱水前贮泥池（14.1 m×4.7 m）	每池 1 组数据，共计 1 组	通量箱法、在线监测装置
污泥干化	区域平均 4 块	每块 1 组数据，共计 4 组	通量箱法、在线监测装置
接触消毒池（1座）	32.9 m×101.4 m	平均分布 4 个区域，共计 4 组	通量箱法、在线监测装置
排放口	—	1 组数据	通量箱法、在线监测装置

在厂界内其他温室气体排放量波动较小的地点（如仓库），采用静态箱+离线气相色谱测定的方法估算温室气体平均排放量。除水面以外区域，温室气体在各采样区的采样频率均为 1 次/周。

3.3　污水厂能耗物耗信息核算

①获取污水处理厂全厂物耗能耗历史消耗清单。收集污水厂物耗历史清单，包括厂内外加碳源、除磷药剂、消毒药剂、混凝剂及助凝剂、酸碱投加

量,以及厂内其他药剂的使用投加参数;能耗清单包括厂内单位时间内(按月度统计)的使用总能耗历史数据、能源组成情况(光伏、电网等之间的比例)。

②核算污水处理厂物耗全生命周期碳足迹并收集评估相关信息。建立污水处理厂物耗全生命周期碳足迹核算及评估相关信息在线填报单,包括药剂采购地点、药剂运输方式及距离。

③收集污水处理厂设备清单,统计运行能耗以及历史运行状况等参数。收集污水处理厂所有工艺设备清单,采用咨询现场技术人员、商家、查看设计手册等方式统计各设备额定功率、运行能耗以及历史运行状况等参数,设备涵盖污水处理、污泥处理全部设备。

④建立污水处理厂设备工况曲线及数据库。采用咨询现场技术人员、商家、查看设计手册等方式统计各设备的工况曲线并建立设备运行工况查询数据库,设备具体包括污水收集泵、污水提升泵、排泥泵、加药泵、污泥回流泵、污泥脱水机、鼓风机、搅拌器、刮吸泥机等。

3.4 污水厂过程参数碳信息挖掘

(1)工艺过程、操作参数及历史运行数据获取及分析

采用多参数水质测定仪现场测定各工艺单元温度、DO、ORP、pH 以及电导率。根据设计图及工艺运行情况收集各工艺单元尺寸及运行参数,包括但不限于流量、有效容积、停留时间、水力负荷、水深、气水比、回流比等。现场测定生化池混合液 MLSS、SVI。常规水质数据需求表如表 3.3 所示。

表 3.3　常规水质数据需求表

参数	采样工艺段	采样频率	测量方法
温度		实时	水质测定仪现场测定
DO		实时	
ORP		实时	
pH		实时	
电导率		定期校核	
流量	进水、初沉池、生化池、二沉池、深度处理区、出水	实时	水厂已提供
有效容积		定期校核	
停留时间		定期校核	
水力负荷		定期校核	
水深		实时	
气水比		1 次/h	
回流比		1 次/h	
MLSS		1 次/h	
SVI		1 次/h	现场测定
COD		1 次/h	
BOD		1 次/h	哈希—分光光度法实验室测定
TN		1 次/h	
TP		1 次/h	
NO_3^-		1 次/h	
NO_2^-		1 次/h	
NH_4^+		1 次/h	
PO_4^-		1 次/h	

（2）污水处理厂全流程常规水质参数连续监测数据

定期采集各工艺单元进出口水样进行全流程监测,样品带回实验室进行分析。采用哈希-分光光度法测定 COD、BOD、TN、TP、NO_3^-、NO_2^-、NH_4^+、

PO_4^-等。以上水质参数在各采样区的采样频率均为 1 次/h,在各工艺进水段、中部、出水段各采 1 个样。

3.5 污水厂生物碳排放信息获取

污水处理过程生物信息是核定其生化碳排放的重要数据源,研究主要获取如下 3 类生物信息数据:

(1)污水处理厂活性污泥产生量、活性污泥生物群落分析

根据生化池、二沉池、污泥回流泵房、污泥回流量以及排泥量,对污水厂活性污泥量进行质量平衡分析,计算污水处理厂活性污泥产生量(日)。采集好氧段活性污泥样品,就近委托专门的生物信息分析检测机构进行微生物群落信息测定,包括 16 s、qPCR、宏基因组、蛋白质组学等。

(2)生化系统中微生物种群的产率系数及活性污泥微生物的动力
      学参数

采集好氧段活性污泥,实验室测定各类型微生物产率系数及活性污泥微生物的动力学参数,包括异养菌产率系数、自养菌产率系数、异养菌最大比生长速率、异养菌 COD 半饱和系数、异养菌氧半饱和系数、异养菌衰减系数、硝酸盐半饱和系数、最大比水解速率、氨化速率、自养菌最大比生长速率、自养菌(N)的氧半饱和系数、自养菌(COD)的氧半饱和系数以及自养菌衰减系数等。

(3)生化系统中关键降解酶的种类及活性等参数

采集好氧段活性污泥,实验室培养处理后测定活性污泥关键降解酶活性等参数,采用比色法测定脲酶、脱氢酶活性,采用高锰酸钾滴定法测定过氧化氢酶活性,采用 TTC-脱氢酶活性法测定脱氢酶活性,采用应用萤光素酶

法测定 ATP 浓度。相应测试方法和内容详见表3.4。

表 3.4　测试指标及测试方法

序号	参数	测定方法	计算公式
1	S_I溶解性不可降解有机物	测量溶解性 COD	$S_I = \dfrac{3}{4}$溶解性 COD
2	S_S溶解性可生物降解有机物	测定滤液中的 COD 浓度值,此 COD 值就是COD_{sol}值	$S_S = COD_{sol} - S_I$
3	S_A挥发酸/发酵产物(以乙酸为主)	气相色谱法	$S_A = 0.7 \times S_{乙酸}$
4	S_F可发酵易生物降解有机物	气相色谱法	$S_F = S_S - S_A$
5	X_S慢速可生物降解有机物	测定进水的 BOD_5 可推算出 TBOD,从而可确定 X_S	$X_S = \dfrac{BOD_5}{0.70 \times 0.88} - S_S$
6	X_I颗粒性不可降解有机物	测量污水总 COD 的浓度求得 X_I	$X_I = COD_{inf,t} - S_S - S_I - X_S$
7	X_H异养菌生物量	采用丙烯硫脲抑制硝化菌,测定原水的氧利用速率(OUR)	$X_H = 1.42 \times 1\,000 \times OUR/150$
8	X_{AUT}自养菌生物量	呼吸计量法	$X_{AUT} = V_{加} - V_{不加}$
9	S_{NO}硝态氮	紫外分光光度法	—
10	S_{NH}氨氮	纳氏试剂分光光度法	—
11	S_{ND}溶解性易生物降解有机氮	测得凯氏氮浓度,由凯氏氮浓度减去氨氮浓度即为S_{ND}浓度	$S_{ND} = TKN - S_{NH}$
12	X_{ND}颗粒性慢速生物降解有机氮	—	$\dfrac{S_{ND}}{X_{ND}+S_{ND}} = \dfrac{S_S}{X_S+S_S}$

续表

序号	参数	测定方法	计算公式
13	异养菌衰减系数b_H	将溶液 OUR 随时间的变化在半对数坐标上作图计算异养菌衰减系数	$b_H = \dfrac{K_d}{1 - Y_H(1 - f_I)}$
14	异养菌最大比增长速率 μ_{mH}		$\ln OUR(t) = \ln\left[\dfrac{1 - Y_H}{Y_H}\mu_{mH} + (1 - f_I)b_H\right]X_{B,H0} + (\mu_{mH} - b_H)t$
15	自养菌最大比增长速率 μ_{mA}	定期取水样测定硝酸盐和亚硝酸盐浓度	$\mu_{mA} = \dfrac{OUR_{mA} \times Y_A}{i_{NO3-N} \times X_{B,A}}$
16	污水厂处理厂活性污泥产生量、活性污泥生物群落分析	活性污泥量质量平衡分析、16 s、qPCR、宏基因组、蛋白质组学分析	—
17	生化系统中微生物种群的产率系数及活性污泥微生物的动力学参数	—	—
18	生化系统中关键降解酶的种类及活性等参数	比色法、高锰酸钾滴定法、TTC-脱氢酶活性法、应用萤光素酶法	—
19	COD、BOD、TN、TP、NO_3^-、NO_2^-、NH_4^+、PO_4^-	哈希—分光光度法	—
20	CH_4、N_2O、CO	静态箱法、离线气相色谱	—

第4章

污水系统碳排放核算方法

4.1 碳排放核算的常用方法

4.1.1 直接实测法

直接实测法(Experiment Approach)是基于排放源的现场实测基础数据,进而汇总得到相关碳排放量。该方法同时可测算出污水处理厂相应的温室气体排放系数,中间环节少、结果准确,但数据获取相对困难,投入较大。本项目拟通过对一部分较易获取的参数进行直接实测来校核其他方法参数的可靠性。直接实测法可用于排放口或有持续排放源强的污染工艺碳排测试。直接实测法数据来源准确、可靠性高,但对于区域碳排测试或面源污染力有不逮,污水处理厂点源碳排部分应尽可能通过。

4.1.2 排放因子核算法

基于 IPCC(联合国政府间气候变化专门委员会)提出的碳排放估算方法,依照碳排放清单列表,针对每一种排放源构造其活动数据与排放因子,以活动数据和排放因子乘积作为该排放源碳排放量估算值。现有清单计算都基于活动水平数据和排放系数计算,即采用系数核算方法来进行碳排放的测量,计算方法如式(4.1)所示。

$$E = A \times EF \times (1 - ER/100) \tag{4.1}$$

式中　E——温室气体排放量；

　　　A——温室气体排放源的活动数据，具体是指单个排放源与碳排放直接相关的温室气体数量，数据参照国家相关统计数据、排放源普查和调查资料、监测数据等；

　　　EF——排放因子，如单位能耗消耗量的温室气体排放量；

　　　ER——减排率。

4.1.3　质量平衡法

质量平衡法可以根据每年用于国家生产生活的新化学物质和设备，计算为满足新设备能力或替换去除气体而消耗的新化学物质份额。该方法的优势是可以反映碳排放发生地的实际排放量，不仅能够区分各类设施之间的差异，还可以分辨单个和部分设备之间的区别。尤其是在当年设备不断更新的情况下，该种方法更为简便。针对污水中物质质量及能量的产生及消耗、转换平衡计算污水处理系统碳排，依据化学平衡方程式计算二氧化碳排放量。质量平衡法是一种根据质量守恒定律提出的方法，用输入物质的含碳量减去输出物质的含碳量进行平衡计算，最终得出二氧化碳排放当量的碳排放计算方法，计算方法如式（4.2）所示。

$$E = \left[\sum (M_i \times C_i) - \sum (M_j \times C_j) \right] \times \omega \times GWP \tag{4.2}$$

式中　E——二氧化碳排放当量；

　　　M_i——输入物质的量；

　　　C_i——输入物质的碳含量；

　　　M_j——输出物质的量；

　　　C_j——输出物质的含碳量；

　　　ω——输入碳元素质量转化为二氧化碳时相应的转换系数；

　　　GWP——全球变暖趋势，数值参考 IPCC 提供的数据。

4.1.4　碳足迹法

碳足迹法是 IPCC 提出的国家温室气体清单指南,数据主要来自国家相关统计数据、排放源普查和调查资料、监测数据等。在碳足迹法计算中,其排放因子可以采用 IPCC 报告中给出的缺省值(即依照全球平均水平给出的参考值),也可以自行构造。对于污水处理厂而言,针对不同的污水、污泥特征可以给定构造函数,基于基础数据进行修正。碳足迹分析是一种基于生命周期评估法(Life Cycle Assessment, LCA)计算碳排放影响的全新测度方法,其从生命周期的角度揭示不同对象的碳排放过程,具体衡量某种产品全生命周期或某种活动过程中直接和间接相关的碳排放量,为探索合理有效的温室气体减排途径提供科学依据。目前主要的碳足迹计算方法包括投入产出生命周期评价法、过程生命周期评价法、混合生命周期评价法。水处理碳足迹是污水处理过程中,各种活动产生的碳排放。计算碳足迹首先要求建立恒等式,保证在产品生命周期的每个环节输出及输入的物质和能量平衡。城镇污水的碳排放(EM)由污水管网(EM_{sewer})、污水处理厂(EM_{wwtp})、污泥处置(EM_{sluge})、出水(EM_{eff})以及未处理污水($EM_{untreated}$)5 部分组成,即

$$EM = EM_{sewer} + EM_{wwtp} + EM_{sluge} + EM_{eff} + EM_{untreated} \tag{4.3}$$

4.1.5　模型方法

过往模型方法常常利用 Logistic 模型、Leap 模型和 CGE 模型进行碳排放量估算。该方法通过分析数据和计算的方式进行预测,并进行情景分析模型,通过对未来碳排放量进行综合化情景分析得出预测结果。针对污水处理碳排放情况以及碳排放核算模型缺乏细致全面的研究,但研究的前期工作发现,基于 ASM 和 ADM 模型可以有效支持碳排核算特别是生化反应碳排放核算的基础数据,其精度和数据可靠性都获得了广泛的验证。通过对污水处理动力学过程的数学模拟,能量化和衡量微生物处理污水过程中

产生的温室气体排放量,这使数学模型为评估污水处理过程和碳排放提供了有效工具。与此同时,数字孪生技术的发展使得污水厂信息更为透明,基于数字孪生打通各种方法之间的壁垒并有效弥补数据是非常具有优势的,数字孪生与数学模型的结合将成为碳计量与核算的另一关键数据来源。

4.2 污水厂碳排放静态核算方法

进行碳排放核算时,如果能获取碳排放活动的直接活动数据(如耗电量或燃油量),则可直接用活动数据与排放因子乘积方法得到碳排放量。然而,在实际操作过程中,碳排放活动直接活动数据可能存在获取困难情况,但可获取一些其他关联数据,此时需要用关联数据计算得到直接活动数据,再通过活动数据与排放因子乘积完成碳排放核算或直接利用行业平均当量碳排放强度乘以当量数完成核算。3 种核算方法结果精确度逐渐递减。

温室气体排放核算结果以 CO 当量为单位。其中,在时间上相对较短的情况下,以排放总量计更能突出其排放程度。若运行维护时间跨度较长,则以排放强度衡量更能体现其活动水平,提升核算结果纵向和横向可比较性。另外,核算污水系统运行维护温室气体排放总量时,用于相加的不同单元温室气体排放量应基于相同时间周期的活动数据。

碳排放量与碳排放强度间可相互换算,计算如式(4.4)—式(4.5)所示:

$$CE = CES \cdot Q \cdot T \cdot 365 \tag{4.4}$$

$$CES = \frac{CE}{Q \cdot T \cdot 365} \tag{4.5}$$

式中 CE——服务年限内碳排放总量,$kg\ CO_2$;

CES——服务年限内碳排放强度,$kg\ CO_2/m^3$;

Q——运行规模,m^3/d;

T——服务年限,年。

（1）N_2O 直接排放量

污水处理过程中 N_2O 直接排放主要发生在污水生物处理单元中，N_2O 直接排放量按式（4.6）计算。

$$m_{N_2O,i} = \frac{Q_{rb,i} \times (TN_{rb,i} - TN_{eb,i}) \times EF_{N_2O}}{1\ 000} \times C_{N_2O/N_2} \qquad (4.6)$$

式中　$m_{N_2O,i}$——第 i 天 N_2O 直接排放量，$kg\ N_2O$；

　　　$Q_{rb,i}$——污水生物处理单元第 i 天进水水量，m^3；

　　　$TN_{rb,i}$——污水生物处理单元第 i 天平均进水 TN 浓度，mg/L；

　　　$TN_{eb,i}$——污水生物处理单元第 i 天平均出水 TN 浓度，mg/L；

　　　EF_{NO}——N_2O 排放因子，取值为 $0.016\ kg\ N_2O\text{-}N/kg\ TN$；

　　　C_{N_2O/N_2}——N_2O/N_2 分子量之比，取值为 $44/28$。

（2）N_2O 直接碳排放强度

污水处理过程中 N_2O 直接碳排放强度按式（4.7）计算。

$$E_{N_2O} = \frac{\sum_{i=1}^{t} (f_{N_2O} \times m_{N_2O,i})}{\sum_{i=1}^{t} Q_{rb,i}} \qquad (4.7)$$

式中　E_{N_2O}——N_2O 直接碳排放强度，$kg\ CO_2/m^3$；

　　　t——评价周期内日历天数，d；

　　　f_{N_2O}——N_2O 温室效应指数，取值为 $265\ kg\ CO_2/kg\ N_2O$；

　　　$m_{N_2O,i}$——第 i 天 N_2O 直接排放量，$kg\ N_2O$；

　　　$Q_{rb,i}$——污水生物处理单元第 i 天进水水量，m^3。

（3）CH_4 直接排放量

污水处理过程中 CH_4 直接排放主要发生在初沉池以及生物处理等单元存在的厌氧过程中，CH_4 直接排放量按式（4.8）计算。

$$m_{CH_4,i} = \left[\frac{Q_{ra,i} \times (COD_{ra,i} - COD_{ea,i})}{1\,000} - SG_i \times P_{v,i} \times \rho_s \right] \times$$

$$B_0 \times MCF - R_{CH_4,i} \times 0.717 \qquad (4.8)$$

式中 $m_{CH_4,i}$——第 i 天 CH_4 直接排放量，kg CH_4；

$\quad\quad Q_{ra,i}$——污水处理厂第 i 天进水水量，m³；

$\quad\quad COD_{ra,i}$——污水处理厂第 i 天平均进水 COD_{Cr} 浓度，m³；

$\quad\quad COD_{ea,i}$——污水处理厂第 i 天平均出水 COD_{Cr} 浓度，mg/L；

$\quad\quad SG_i$——污水处理厂第 i 天产生的干污泥量，kg DS；

$\quad\quad P_{v,i}$——污水处理厂第 i 天干污泥的有机分，%；

$\quad\quad \rho_s$——污泥中的有机物与 CODCr 的转化系数，取值为 1.42 kg CODCr/kg DS；

$\quad\quad B_0$——厌氧过程降解单位 CODCr 时 CH_4 的产率系数，取值为0.25 kg CH_4/kg CODCr；

$\quad\quad MCF$——污水处理过程 CH_4 修正因子，当初沉池正常刮泥排泥、厌氧和缺氧区充分混合搅拌、曝气池好氧区曝气均匀时，各构筑物内无污泥淤积，MCF 取值 0.003，当存在初沉池刮泥排泥不正常、厌氧或缺氧区搅拌不充分、曝气池好氧区曝气不均匀等状况时，构筑物内存在污泥淤积，MCF 取值 0.03；

$\quad\quad R_{CH_4,i}$——污水处理厂第 i 天 CH_4 回收体积，m³；

$\quad\quad 0.717$——标准状况(1 个标准大气压和温度 0 ℃)下 CH_4 的密度，kg/m³。

注:干污泥量 DS 计量误差较大，应加强计量管理，通过物料衡算等方法核算核实 SG_i 数据，否则 $m_{CH_4,i}$ 计算结果偏差很大，甚至会出现负值。

(4) CH_4 直接碳排放强度

CH_4 直接碳排放强度按式(4.9)计算。

$$E_{CH_4} = \frac{\sum_{i=1}^{t} (f_{CH_4} \times m_{CH_4,i})}{\sum_{i=1}^{t} Q_{ra,i}} \qquad (4.9)$$

式中　E_{CH_4}——CH_4 直接碳排放强度，kg/m^3；

$\quad\quad f_{CH_4}$——CH_4 温室效应指数，取值为 28 kg CO_2/kg CH_4；

$\quad\quad m_{CH_4,i}$——第 i 天 CH_4 直接排放量，kg；

$\quad\quad Q_{ra,i}$——污水处理厂第 i 天进水水量，m^3。

（5）化石燃料燃烧 CO_2 直接排放量

污水处理厂可能用到的化石燃料包括煤炭、汽油、柴油、煤油、液化石油气、天然气和焦炉煤气等，主要用于生产环节中锅炉、发电内燃机、运输车辆等设备运转所需的燃烧活动。化石燃料燃烧 CO_2 直接排放量按式（4.10）计算。

$$m_{CO_2,i} = \sum_{j=1}^{l} (f_c \times M_{f,j}) \qquad (4.10)$$

式中　$m_{CO_2,i}$——第 i 天化石燃料燃烧产生的 CO_2 直接排放量，kg；

$\quad\quad f_c$——标准煤 CO_2 排放因子，取值为 2.772 5 kg CO_2/kg 标准煤；

$\quad\quad M_{f,j}$——第 j 种化石燃料使用量，按标准煤计算，kg 标准煤；

$\quad\quad j$——化石燃料种类代号；

$\quad\quad l$——化石燃料种类数量。

（6）CO_2 直接排放强度

CO_2 直接排放强度按式（4.11）计算。

$$E_{CO_2} = \frac{\sum_{i=1}^{t} m_{CO_2,i}}{\sum_{i=1}^{t} Q_{ra,i}} \qquad (4.11)$$

式中　E_{CO_2}——CO_2 直接排放强度，kg/m^3；

$m_{CO_2,i}$——第 i 天化石燃料燃烧产生的 CO_2 直接排放量,kg;

$Q_{ra,i}$——污水处理厂第 i 天进水水量,m^3。

(7)直接碳排放强度

直接碳排放强度按式(4.12)计算。

$$E_d = E_{N_2O} + E_{CH_4} + E_{CO_2} \tag{4.12}$$

式中　E_d——直接碳排放强度,kg/m^3;

E_{N_2O}——N_2O 直接碳排放强度,kg/m^3;

E_{CH_4}——CH_4 直接碳排放强度,kg/m^3;

E_{CO_2}——CO_2 直接碳排放强度,kg/m^3。

(8)电耗碳排放强度

电耗为污水处理厂生产运行过程中的外购电量,不包括办公区和生活区的用电量。电耗碳排放强度按式(4.13)计算。

$$E_e = \frac{\sum_{i=1}^{t} (f_e \times W_i)}{\sum_{i=1}^{t} Q_{ra,i}} \tag{4.13}$$

式中　E_e——电耗碳排放强度,kg/m^3;

f_e——电耗碳排放因子,$kg/(kW \cdot h)$,取值详见表4.1;

W_i——第 i 天用于生产运行的外购电量,$kW \cdot h$;

$Q_{ra,i}$——污水处理厂第 i 天进水水量,m^3。

(9)热耗碳排放强度

热耗为污水处理厂生产运行过程中的外购热力,不包括办公区和生活区的热耗。热耗碳排放强度按式(4.14)计算。

$$E_h = \frac{\sum_{i=1}^{t} (f_c \times M_{h,i})}{\sum_{i=1}^{t} Q_{ra,i}} \tag{4.14}$$

式中　E_h——热耗碳排放强度，kg/m^3；

　　　f_c——标准煤 CO_2 排放因子，取值为 2.772 5 kg CO_2/kg 标准煤；

　　　$M_{h,i}$——第 i 天用于污水处理运行的外购热量，按标准煤计算，kg 标准煤；

　　　$Q_{ra,i}$——污水处理厂第 i 天进水水量，m^3。

（10）物耗碳排放量

物耗是指污水处理厂生产运行过程中消耗的混凝剂、絮凝剂、碳源、消毒剂以及清洗剂等化学药剂。物耗碳排放量按式（4.15）计算。

$$M_{c,i} = \sum_{g=1}^{m} (f_{c,g} \times M_{cg,i}) \tag{4.15}$$

式中　$M_{c,i}$——第 i 天物耗 CO_2 排放当量，kg CO_2；

　　　$f_{c,g}$——第 g 种化学药剂的 CO_2 排放因子，单位为 kg CO_2/kg，主要化学药剂的 CO_2 排放因子详见表4.2；

　　　$M_{cg,i}$——第 i 天使用第 g 种化学药剂的质量，kg；

　　　g——化学药剂种类代号；

　　　m——化学药剂种类数量。

（11）物耗碳排放强度

物耗碳排放强度按式(4.16)计算。

$$E_c = \frac{\sum\limits_{i=1}^{t} M_{c,i}}{\sum\limits_{i=1}^{t} Q_{ra,i}} \tag{4.16}$$

式中　E_c——物耗碳排放强度，kg/m^3；

　　　$M_{c,i}$——污水处理厂第 i 天物耗 CO_2 排放当量，kg/CO_2；

　　　$Q_{ra,i}$——污水处理厂第 i 天进水水量，m^3。

（12）间接碳排放强度

间接碳排放强度按式(4.17)计算。

$$E_i = E_e + E_h + E_c \qquad (4.17)$$

式中　E_i——间接碳排放强度，kg/m^3；

　　　E_e——电耗碳排放强度，kg/m^3；

　　　E_h——热耗碳排放强度，kg/m^3；

　　　E_c——物耗碳排放强度，kg/m^3。

（13）碳排放强度

碳排放强度按式(4.18)计算。污水厂碳排放强度核算主要系数参考值见表4.1。

$$E_f = E_d + E_i \qquad (4.18)$$

式中　E_f——碳排放强度，kg/m^3；

　　　E_d——直接碳排放强度，kg/m^3；

　　　E_i——间接碳排放强度，kg/m^3。

表 4.1　污水处理厂碳排放强度核算主要系数参考值

序号	系数名称	符号	系数值	计量单位
1	N_2O 排放因子	EF_{N_2O}	0.016[a]	kg N_2O-N/kg TN
2	N_2O 温室效应指数	f_{N_2O}	265[a]	kg CO_2/kg N_2O
3	污泥有机物与 CODCr 的转化系数	p_s	1.42[b]	kg CODCr/kg DS
4	单位 CODCr 的 CH_4 产率系数	B_0	0.25[a]	kg CH_4/kg CODCr
5	CH_4 温室效应指数	f_{CH_4}	28[a]	kg CO_2/kg CH_4
6	标准煤 CO_2 排放因子	f_c	2.772 5[a]	kg CO_2/kg 标准煤

注：a.数据取值来源为《IPCC 2006 年国家温室气体清单指南　2019 修订版》；

　　b.以活性污泥微生物（$C_2H_7O_2N$）的 CODCr 质量当量近似作为污泥中有机物的 CODCr 转化系数。

表 4.2　电耗碳排放因子

电网名称	地区	$f_e[\ kg\ CO_2/(kW \cdot h)]$
华北区域电网	北京市、天津市、河北省、山西省、山东省、内蒙古自治区[b]	0.941 9[a]
东北区域电网	辽宁省、吉林省、黑龙江省、内蒙古自治区[c]	1.082 6[a]
华东区域电网	上海市、江苏省、浙江省、安徽省、福建省	0.792 1[a]
华中区域电网	河南省、湖北省、湖南省、江西省、四川省、重庆市	0.858 7[a]
西北区域电网	陕西省、甘肃省、青海省、宁夏回族自治区、新疆维吾尔自治区	0.892 2[a]
南方区域电网	广东省、广西壮族自治区、云南省、贵州省、海南省	0.804 2[a]

注:a.数据取值来源为生态环境部发布的《2019 年度减排项目中国区域电网基准线排放因子》;

　　b.除赤峰、通辽、呼伦贝尔和兴安盟外的内蒙古地区采用"华北区域电网"碳排放因子;

　　c.赤峰、通辽、呼伦贝尔和兴安盟采用"东北区域电网"碳排放因子。

表 4.3　化学药剂种类及其 CO_2 排放因子

化学药剂	排放因子 f_c(kg CO_2/kg)
碱度	1.74[a]
氢氧化钠(50% in H_2O)	1.12[b]
甲醇	1.54[a]
聚合氯化铝(PAC)	1.62[a]
硫酸铝	0.50[b]
聚丙烯酰胺(PAM)	1.50[a]
六水三氯化铁	2.71[a]
石灰	0.68[a]
其他絮凝剂	2.50[a]

续表

化学药剂	排放因子f_c(kg CO$_2$/kg)
次氯酸钠(15% in H$_2$O)	0.92[b]
液氯	2.00[a]
臭氧(液)	8.01[b]
双氧水(50% in H$_2$O)	1.14[b]
其他消毒剂	1.40[a]
其他药剂	1.60[a]

注:a.数据取值来源为 Parravicini V,Svardal K,Krampe J.Greenhouse gas emission from wastewater treatment plants[J].Energy Procedia,2016,97(2):246-253;

b.数据取值来源为 https://winnipeg.ca/.

4.3　污水厂静态核算案例分析

4.3.1　德国 Bochum-Ölbachtal 污水处理厂概况

Bochum-Ölbachtal 污水处理厂位于德国北莱茵-威斯特法伦州鲁尔区波鸿市,处理规模为 $4.3×10^4$ m^3/d,进水 COD = 380 mg/L,TN = 56 mg/L,TP = 6.5 mg/L。该厂采用三段进水前置反硝化工艺,生化段出水采用化学药剂方式除磷。出水满足欧盟排放标准(TN≤13 mg/L,TP≤1 mg/L)。

2015 年 Bochum-Ölbachtal 污水处理厂正式改造完成,最终该厂总电耗由 34.6 kW·h/(PE·a)(折合吨水电耗 0.47 kW·h/m^3)降低至 24.1 kW·h/(PE·a)(吨水电耗 0.33 kW·h/m^3),能耗降低了 30.3%。同时出水总氮浓度也稳定在 TN<5 mg/L,远远超过出水排放要求(TN≤13 mg/L)。以 2015 年能量平衡评价,上半年污泥厌氧消化热电联产系统(CHP)产生净电

能2.47 GW·h,CHP 产热无论升级前后均已自给自足。根据 2015 年上半年 CHP 产电数据推算,全年 CHP 产生净电能 4.94 GW·h。

2013 年工艺升级前,该厂污水处理全流程总耗电量为 12.77 GW·h,能源自给率仅为 38.7%。升级后,根据 2015 年上半年总耗电量推算,该厂全年总耗电量为 5.1 GW·h,全年 CHP 产生净电能 4.94 GW·h,能源自给率达 96.9%,已接近能源中和。

Bochum-Ölbachtal 污水处理厂仅采用自身节能降耗方式,维持原有厌氧消化不变,能源自给率从改造前的 38.7%提升至 96.9%,接近能源中和。节能降耗手段主要包括:

(1)减少回流泵耗能

改造后取消了第二、第三段内回流,只保留第一段回流,且根据第一段末端硝酸盐浓度高低选择性开启,以提高反硝化程度。改进后内回流泵水头损失从 19 kPa 降低到 13 kPa,内回流比从 0.9 降低至 0.5。

(2)合理分配进水比例

该厂根据硝化和反硝化池体积间差异,通过数学模拟对进水比例进行最佳分配。三段进水比例依次为 50%、33%、17%,原第二段内回流管道被直接改为 33%污水进水管道。

(3)其他设备能耗优化

盘式曝气器更换为板式曝气器,增加浸没深度且替代搅拌器。改进前搅拌器比功率为 2.15 W/m³,而替换搅拌器后比功率降低至 0.88 W/m³。值得注意的是,该案例中进水 COD 为 380 mg/L,与我国市政污水 COD 高值(COD=200~400 mg/L)接近,对于我国污水处理厂以节能降耗为目的升级改造,并利用厌氧消化能源转化实现能源中和目标具有一定参考价值。

根据碳足迹模型,Bochum-Ölbachtal 污水处理厂碳排/减排核算结果列

于表4.4中。其中,碳排放量分为如下两类:

(1)直接碳排放量

CH_4、N_2O 当量人口直接碳排放量为 7 kg CO_2/(PE×a),则碳排总量为 1 491 t CO_2/a。

(2)间接碳排放量

间接碳排放量分为能耗与药耗两部分。能耗包括污水处理所需电耗和热耗。2015 年该厂全年总电耗为 5.1 GW·h,按 2015 年德国电力温室气体排放强度 0.46 kg CO_2/(kW·h)核算,总电耗产生碳排量为 2 346 t CO_2/a,污泥厌氧消化池因保温耗能所产生碳排放量为 1 264 t CO_2/a。药耗碳排主要包括除磷药剂与外加碳源碳足迹,其中,除磷药剂碳排放量约为 154 t CO_2-eq/a,外加碳源碳排放量约为 385 t CO_2/a。综上,Bochum-Ölbachtal 污水处理厂碳排放总量为 5 640 t CO_2/a。该厂通过污泥厌氧消化热电联产生产电能约 5 GW·h/a、热能约 6.53 GW·h/a,共计可实现碳减排量 3 564 t CO_2/a。

经核算,Bochum-Ölbachtal 污水处理厂碳排放总量为 5 640 t CO_2/a,碳减排总量为 3 564 t CO_2/a,碳中和率为 63.2%。显然,能源中和率(96.9%)与碳中和率(63.2%)并不相等,也不是一码事。该案例表明,通过工艺升级改造虽然可实现"节能降耗"的显著效果,并最大限度逼近能源中和运行,但是在无额外利用污水潜在能源(如余温热能)的情况下,还是难以实现碳中和运行目的。

表 4.4 Köhlbrandhöft/Dradenau 污水处理厂碳减排量核算

项目	产生电能/(GW·h·a^{-1})	电能碳减排量[a]/(t CO_2-eq·a^{-1})	产生电能/(GW·h·a^{-1})	热能碳减排量[b]/(t CO_2-eq·a^{-1})
污泥焚烧	87.6	40 296	97.7	18 917.8

续表

项目	产生电能/ (GW·h·a⁻¹)	电能碳减排量ᵃ/ (t CO₂-eq·a⁻¹)	产生电能/ (GW·h·a⁻¹)	热能碳减排量ᵇ/ (t CO₂-eq·a⁻¹)
风能	18.6	8 556		
光伏	0.05	23		
热电联产	8.8	4 048	11.5	2 226.8
消化池产生甲烷			3.9	755.2
总计	115.05	52 923	113.1	21 899.8

注:a.根据 2018 年德国电力温室气体排放强度计算;

b.根据等热值天然气碳排放量计算。

4.3.2 德国 Köhlbrandhöft/Dradenau 污水处理厂

德国 Köhlbrandhöft/Dradenau 污水处理厂处理水量达 $3.82×10^5$ m³/d(规模约为 240 万当量人口,PE);进水水质为 COD = 850 mg/L、TN = 67 mg/L、TP = 9.4 mg/L。该厂由汉堡水务公司经营,改造前是该市最大公共能源消耗单位之一。该厂主流处理工艺为活性污泥法,生化段出水投加化学药剂除磷。污泥处理包括剩余污泥厌氧消化产沼气、沼气热电联产、消化后污泥继续干化、焚烧用于能量回收。

(1) 能源中和评价

Köhlbrandhöft/Dradenau 污水处理厂对剩余污泥进行厌氧消化,同时收集厂外生物废弃物与污泥共消化以增加沼气产量,并实现沼气转换为天然气对外输送。后续消化熟污泥施以焚烧处置,进一步热电联产回收电能和热能。电能弥补自身电耗使用,热能则被输送至污泥干化设备,可完全满足高温干化需要。污泥干化后的低温余热可继续供消化池保温使用。如此设计,可实现电能与热能高效回收利用。此外,自 2009 年起该厂富余热能还向附近码头输出供应。

该厂污泥焚烧产能远远大于沼气热电联产,且应用太阳能、风能等清洁能源,实现能源回收的同时进一步减少 CO_2 排放。2018 年该厂总电耗为 107.2 GW·h,产电量为 115 GW·h,电能自给率达 107%;总热耗为 99.7 GW·h,产热量为 113 GW·h,热能自给率达 113%。可见,该厂通过自身进水中高浓度有机物(COD = 850 mg/L)、外源有机废弃物、太阳能、风能等综合利用,已超越能源中和目标并可向外供气(CH_4)和热。预计未来该厂将实现发电量大于耗电量的 30%,热能供应范围也将进一步扩大。

(2)碳中和率核算

根据碳足迹模型计算 Köhlbrandhöft/Dradenau 污水处理厂的碳排放量,该厂总碳排放量为 176 703 t CO_2-eq/a。该厂碳减排通过电能与热能回收实现,结果见表 4.4。该厂电能碳减排量为 52 923 t CO_2-eq/a,热能碳减排量为 21 900 t CO_2-eq/a,总碳减排量则为 74 823 t CO_2-eq/a。因此,碳中和率仅为 42.3%,远未达到碳中和目标。

4.3.3 希腊 Chania 污水处理厂

Chania 污水处理厂位于希腊克里特岛干尼亚州市中心东部,处理水量 19 400 m^3/d;进水水质为 COD = 869 mg/L、TN = 50 mg/L、TP = 8.4 mg/L。该厂采用传统活性污泥法作为主流工艺,不设额外除磷设施。剩余污泥厌氧消化后产沼气并热电联产。

(1)能源中和评价

该厂除污泥厌氧消化并热电联产回收能源外,还采用了光伏发电与风力发电技术。Chania 污水处理厂 2017 年总耗电量为 3 840 MW·h,单位耗电量 0.543 kW·h/m^3。CHP 可产生 768 MW·h/a 电能(占污水厂能耗的比值为 20%)并输入外部电网;光伏系统可产生 960 MW·h/a 电能(占污水厂能耗的比值为 25%);风力涡轮机产生电能同样为 960 MW·h/a(占污水厂能耗的比值为 25%)。总计,该厂自身产能为 2 688 MW·h/a,与总耗电量(3 840 MW·h/a)相比,仍存在 30%(1 152 MW·h/a)用电赤字,即能源中和率仅达到 70%。

(2)碳中和评价

在碳排方面,直接碳排主要由 N_xO、VOCs 等间接性温室气体引起,与药耗等碳排放共计约 500 t CO_2-eq/a。间接碳排中,由于沼气 CHP 产热完全可以满足消化池供热需求,因此热能导致的间接碳排放量与碳减排量相互抵消。2017 年希腊电力温室气体排放强度为 0.657 kg CO_2-eq/(kW·h)。该厂每年通过电网用电产生的间接碳排放量为 2 523 t CO_2-eq,即 0.36 kg CO_2-eq/m^3。综上,Chania 污水处理厂总碳排放量为 3 023 t CO_2-eq/a。在碳减排方面:CHP 产电碳减排量为 504.6 t CO_2-eq/a;太阳能和风能碳减排量均为 630.7 t CO_2-eq/a。因此该厂总碳减排量为 1 766 t CO_2-eq/a。基于总碳排放量 3 023 t CO_2-eq/a,该厂碳中和率只有 58.4%。对于剩余碳排放量,该厂打算进一步通过外部植树造林固碳措施实现削减。按照其现状,考虑单位面积人工林碳汇能力为 7.3 t CO_2-eq/ha,需种植至少 172.2 hm^2 树木方可完成碳中和任务。表 4.5 列出了该厂各项能源中和与碳中和份额核算。

表 4.5　Chania 污水处理厂各项目能源中和与碳中和核算

项目	产电量 /(MW·h·a^{-1})	能源中和率/%	抵消、固存碳排放量/(t CO_2-eq/a)	碳中和率/%	系统容量	项目成本/万欧元
热电联产	768	20	504.6	16.7	—	—
太阳能光伏	960	25	630.7	20.9	640 kW	83.2

续表

项目	产电量/(MW·h·a^{-1})	能源中和率/%	抵消、固存碳排放量/(t CO$_2$-eq/a)	碳中和率/%	系统容量	项目成本/万欧元
风力涡轮机	960	25	630.7	20.9	391 kW	43
人工林	—	—	—	—	7.3 t CO$_2$-eq/hm^2	—
总计	2 688	70	≥1 766	≥58.5	—	126.2

德国 Bochum-Ölbachtal 与 Köhlbrandhöft/Dradenau 两个污水处理厂虽已接近(96.9%)或超越(>100%)了能源中和,但因处理过程直接碳排以及药耗等碳排比重较大而均难以实现碳中和运行(碳中和率分别为 63.2% 与 42.3%),甚至差距还很大。同样,希腊 Chania 污水处理厂能源中和率在 70% 时碳中和率仅为 58.4%。Chania 污水处理厂打算通过厂外植树造林方式弥补其碳中和赤字(41.6%),但这种方式其实如同购买碳汇,属于"伪中和"。只有通过不断挖掘污水潜能(如余温热能),方能同时实现真正意义上的能源中和与碳中和。显然,污水处理厂仅仅追求能源中和是远远不够的,要想实现碳中和,需要认真对待余温热能利用问题。

第 5 章
污水厂碳排放计量体系构建

我国污水处理厂目前碳排放较高,即使考虑到一部分热电联产和光伏一级 A 类排放标准的水厂,仍将有 592 g CO_2/m^3 的碳排放,通过工艺优化,未来污水厂碳排放可降低至 435 g CO_2/m^3,潜力巨大。实际上,如果考虑能源自给和碳汇的补充,未来污水厂碳价值非常明显。以典型污水厂为例,虽然大规模光伏以及热电联产的应用产生了一定的碳汇,但实际碳排放仍超过 500 g CO_2/m^3(均值为 520 g CO_2/m^3),每年处理超过 2.1 亿 t 污水,若仅按照 450 g CO_2/m^3 的降碳幅度来计算,每年将节碳 9.5 万 t,按照目前 CCUS 交易价格计算,将超过 550 万元(2022.8.15 交易价格)。如能实现最大负碳潜力,则可带来每年超过 1 300 万元的收益(详见 5.3.3 节),加之降碳过程中能耗、物耗以及污泥处理成本的降低,将为企业带来新的价值出口。因此污水厂降碳的关键在于碳计量,在于是否能够实时量化碳排放信息,满足碳交易条件,而目前的静态核算是不满足这一前提的。

如何构建一套完整的污水厂碳计量体系将是本章工作的重点,秉承着实时动态、数据多源可验证以及数据挖掘与校验高可靠、高一致的原则,本研究基于污水厂特点实现了 3 个层级的逻辑构建,如图 5.1 所示。

在这一体系中,首先将污水厂基础数据以及实时监测碳信息的传感体系数据统一转换成碳信息,而后基于底层碳排放机理进行模型构建,具体包含元素平衡、生化反应、物化过程、能源碳排放核算模型以及设备碳排放数据库等。在此基础上,通过对各个应用单元进行基础信息关联和加权赋值

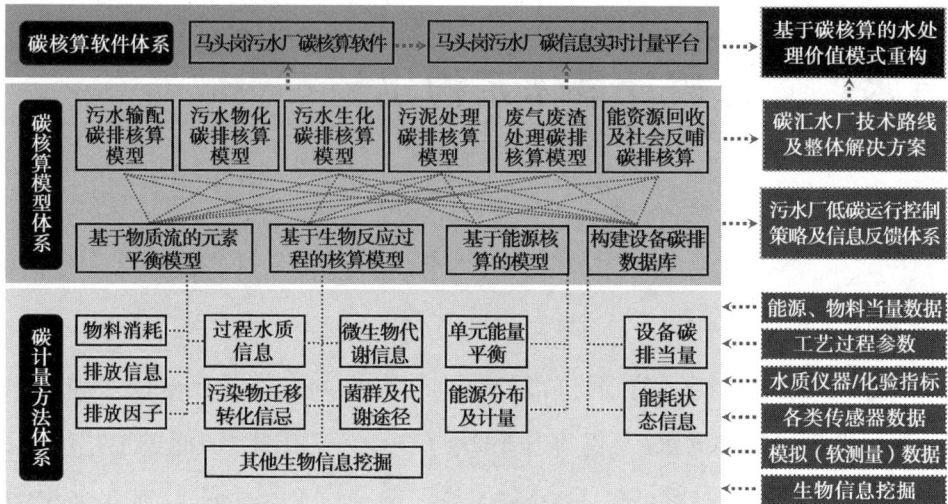

图 5.1　碳计量体系构建图

形成应用层模型,包括污水输配碳排放核算模型、污水物化过程碳排放核算模型、污水生化过程碳排放核算模型、污泥废气废渣碳排放核算模型、能资源回收及碳补偿模型等。最终通过碳计量软件和平台获取实时碳排放数据,用以量化水厂碳排放强度和降碳过程,并通过以下 4 个维度进行表达:

(1)明晰污染物元素流向分析(结合平衡方程)以 C、N、P 等主要元素形态转化构建物质流向谱图

依据设定的污水、污泥碳、能耗、物耗等边界,将污染物在各个工艺单元的去除效率转化成污染物代谢谱图,用以指证各类污染物迁移机制。由此获取基于污染物平衡的碳足迹谱图描述直接碳排放产生的过程,这里尤其能够展示主要工艺段,以及直接碳排放物质(N_2O 、CO_2 、CH_4)的产生方式和源强大小。

(2)能量流、物质流的构建

沿着污水厂工艺流程明确各个环节能源、物料消费情况及特征,根据各时段能源组成的差异获取实时能耗加权碳排放,根据不同物料碳排放当量的不同获取吨水药剂当量碳排放。这里面指示能量走向是非常复杂的,能量流的表达是一种多维度协同校验体系,不仅仅要获取设备实时能耗,而且还要从累积能耗、工况曲线、响应时间等多个维度进行校验,获取完整的能源消费链条,保证数据精度,并将最终数据分解成单元或吨水能量碳排放指标展示。这一点与物料使用类似,但在物料使用中诸如脱氮、除磷、氧化等过程往往还有直接碳排放或者污泥等间接碳排放的产生,对其碳排放信息的量化要充分考虑反应效率、直接碳排放、当量碳排放,以及废弃物当量碳排放等多种因素。同时污泥全生命周期碳排放也可通过当量定义,整个能量流和物质流体系的构建可明确地展示间接碳排放的产生。

(3)碳汇及碳补偿效率计量体系

通过对污水厂不同碳汇过程进行潜能分析,量化现有碳汇指标,确定碳汇及碳补偿体系效率。其重点在于如下 5 个方面的展示:

①水载热能潜力及其利用率(包含内部热能应用和外部碳补偿);

②污水中化学能利用谱图(消化路线)明确化学能利用方式和利用率,同时还要重点说明碳氮匹配情况,明确碳源路径选择对碳排放产生的差异;

③资源回收或回用水碳汇计算,要延伸至资源和回用水全生命周期碳汇,以当量形式定义;

④蓄能(未来蓄气等)、新能源替代以及碳封存潜力等;

⑤其他形式的碳汇产出。

(4)污水厂碳排放源强分布谱图

将污水厂碳排放信息依据工艺单元分布形成工艺碳排放源强谱图,并依据水质、工况参数等信息定义基准碳排放区间,依据碳排放当量的实时变化趋势定义污水厂碳排放模式,将碳排放源强变化及实时碳排放特征作为低碳运行的依据,构建低碳运行模式。

在碳计量体系构建中,先通过水质信息、物料信息等核心数据建立物质平衡方程,基于这一方程可初步核算出碳迁移基准值,并将前端污染物与碳排放进行关联,从总量平衡角度诠释系统碳足迹去向、碳排放量。这一工作的核心是以污染物与碳排放的物质平衡方程为内核,需要刻画大量的转化系数、平衡常数等指标,能够宏观地说明碳的路径,基于这些数据结合实测数值可获取直接碳排放信息。而后以能流、物质流为突破口,明确重要的间接碳排放信息实时变化规律及总量规模。与此同时,计量模型中还应衔接水泥物质间传递,能够量化污泥全生命周期碳排放。核算机制是基于单元或工艺段角度的宏观核算,在静态核算基础上,将关键系统过程信息转化成动态指标,实现碳计量。最终将多层核算模型获取的碳排放信息回归到工艺单元中,最终满足源强分布、碳信息核算、精准降碳等需求。

5.1 污水厂实时碳信息挖掘方法

5.1.1 污水厂实时碳排放数据挖掘

现有污水厂水质检测、过程仪表体系数据很难满足污水厂碳计量的需要。特别是很多过程信息并不完善,甚至无法按工艺单元分解污染物代谢效率,因此实现污水厂碳计量的关键在于构建完整的碳数据挖掘体系。这一挖掘体系应该是以实时动态信息为接口,形成多元信息校验的闭合体系。

为了形成完备的典型污水处理厂工艺全流程直接碳排放数据采集方法体系,需要全面、系统地覆盖污水前处理、生物处理、沉淀池以及深度处理工艺段点位,典型污水处理厂具体测试点位分布图如图5.2所示。为实现对污染物流向和转化形态进行计量,获取用于驱动元素平衡方程计算、直接碳排放计算等数据,应首先对直接碳排放信息、水质信息、污泥信息进行测试,获取污水处理厂全流程温室气体含量数据。对于不同工艺单元,其GHC测试存在差异,甚至水力条件、回流方式等都能造成影响,因此不同点位测试方式、频率均存在差异。具体试测试方案、取样位置等见表5.1。

图 5.2　典型污水处理厂碳信息测试点位分布图

表 5.1　污染物直接碳排放及元素平衡数据获取

	模型	测试方式	测试频率	测试位置	数据获取源
甲烷测试	以厌氧区 ADM 为主	负压释放测试+定点传感器	1/HRT	各池厌氧区进水、廊道折转及末端	开发移动式取样装置加负压释放测试装置
二氧化碳	ADM、ASM	闭箱试验测试、红外	1/HRT	红外池面巡查+多点水样闭箱试验测试	利用机器人搭载红外巡检设施及传感器，按两期设置闭箱测试装置
氧化二氮	ADM、ASM	负压释放测试+回流液闭箱测试	1/HRT	回流液周期闭箱测试+厌氧区 3 点负压释放测试	开发回流液闭箱测试装置，移动式负压释放测试装置
污泥产生	ADM、ASM 污泥增殖	污泥生化信息+闭箱试验矫正	1/SRT	污泥取样箱（在线测试）+闭箱污泥生化指标测试（SOUR 等）	开发智慧水桩监测沉降及生化信息并搭载闭箱测试传感器

续表

	模型	测试方式	测试频率	测试位置	数据获取源
水质处理	ADM、ASM 水质模型	水质测试	1/HRT	C/N 比、SS 等实时测试	传感器测点或搭载在水桩中

　　研究表明,污水厂碳排放信息的实时测试核心在于生化单元的碳排放计量。根据 IPCC 的计算方法,碳氧化所生成的碳排放不被计算,这将导致降碳基准值缺失。实际上,我国污水厂很少单纯处理生活污水,这部分碳排放有必要计量,但计量采用什么方法,业内目前并没有通用的技术。由于曝气过程实际上都是超量曝气,因此并不能用曝气量来计算碳产生量,生化系统不仅是直接产生二氧化碳的单元,同时还存在生物增殖和其他代谢过程,因此也不适用于将进出水碳简单求差后计算。这里建议采用物质代谢法和碳氧平衡法分别核算,其中物质代谢法的核心在于采取闭箱实测方式,类似于 SOUL 测试,由此核算出实际需氧量。但与 SOUL 测试不同的是,这里面还要定量排放量,以及污泥实时增量,这一技术同时也为精确曝气提供了依据。碳氧平衡法基于氧转移效率、当量氧消耗与二氧化碳的相关关系,校验物质代谢数据,可以作为生化过程碳排放核定的一种方法。污水厂各个单元的具体测试方法见表 5.2。

表 5.2　各单元实时计量方法

	质量平衡法	实测法	当量碳排放计量	物质代谢法	模型法	过程分析法	光谱估算	备注
格栅、提升泵	×	×	能耗当量	×	×	栅渣	×	废气进入除臭单元核算
沉沙、初沉	√	×	絮凝剂	×	×	砂排放	可	污泥进入污泥系统核算

续表

	质量平衡法	实测法	当量碳排放计量	物质代谢法	模型法	过程分析法	光谱估算	备注
生物脱氮除磷	√	产物检测	氮氧化物当量碳排放	脱氮途径识别	模型数据验证校核	×	×	开发脱氮途径分析及过程检测系统
生化段	碳氧平衡	闭箱检测	×	生物信息挖掘	模型数据验证校核	×	可	开发智能桩生物信息挖掘系统
化学除磷、高级氧化等	反应平衡	可	药剂当量	×	×	反应产物	×	—
物理方法深度处理	√	×	×	×	×	废液/泥	×	—
动力单元	×	√	能源当量	×	×	×	×	依据能耗水平和方式
污泥处理（含消化）	√	厌氧排放检测	甲烷、硫化氢等	厌氧信息挖掘	模型数据验证校核	消化液等	×	—
污泥处置	√	排放检测	甲烷、硫化氢等	可	×	√	可	依据处置工艺差异有所不同
除臭单元	×	排放检测	药剂、能耗、废气等当量	×	×	×	×	—
工艺全流程	进出水物质平衡	×	×	×	基于数字孪生的建模	×	实时碳排放的光谱校验	与单元数据相校验

除以上典型碳信息,污水厂很多过程参数也可以作为量化其实时碳排放的重要参数,特别是很多过程传感器数据,这些数据一般可从中控系统获取。其中最为重要的是设备实时工况数据(指征运行参数)以及在线仪表数据(获取溶解氧浓度、污泥浓度等关键信息)。

5.1.2　污水厂碳排放当量信息获取

碳排放当量数据是水厂碳核算中的重要信息,涉及能耗、药耗、废气废渣以及污泥全生命周期数据等。这部分工作分为两个部分:第一部分是对当量数据的解析,以及获取设备、能耗、药耗等实时当量数据;第二部分是根据工艺状态和参数获取相关碳排放基数。碳排放当量数据在信息获取中并不是简单的线性关系,实际上当量信息也并非完全静态。

例如实时量化能源碳排放指数,这个数值并非固定的,单位电耗随能源构成和应用方式差异巨大,当水厂大量采用生物质能时,其单位电耗所产生的碳排放就会发生很大的变化。此外,各个时段和区域电网用电单位碳排放也存在差异,因此准确计量各个工段的用电情况以及不同时段能源碳排放当量是非常必要的。当然这仅仅是第一步,而后需要把能源消费情况进行拆分。典型的拆分方法要考虑基于稳定连续能源输入部分和非连续输入部分,前文所述的曝气及提升属于连续部分,这部分数据应分时段进行积分,而污泥等部分的用电在不考虑蓄能的情况下,应按时段进行加权平均,而诸如启闭机、压榨机等可以采用响应周期当量数据替代。

这里面对污泥单元的碳排放计量较为复杂,主要包含 3 个部分:第一部分是污泥组分(脱水后污泥)计量,这种计量要按照全生命周期测算,要遵循 IPCC 相关规则,其难点在于对污泥组分的界定以及不同路线碳排放释放的量化,因此应开发污泥碳潜力测试体系,同时根据工艺碳转化方式进行全周期碳迁移路径及碳排放潜能测试。第二部分是甲烷等碳排放物质逃逸,这个要依靠封闭体系或单元节点测试,采用直接测试法。第三部分为投加石灰、PAM 等药剂的当量碳排放,这部分以当量法计入。

对于物理化学过程,碳排放数据可简化为药剂当量碳排放、反应实时碳排放以及产物当量三部分,除了反应实时碳排放为直接碳排放,其他两部分依旧通过当量信息获得。很多研究把化学过程认为是定值带入是非常错误的。以除磷为例,化学法除磷采用铁盐和铝盐絮凝剂,其本身的碳排放当量就是完全不同的,同时不同品质的产品、药剂,甚至使用方式也会产生差异,此外还需要考虑过量系数的影响。以除磷为例:在反应过程中目标出水总磷小于 1 mg/L 时,过量投药系数可能为 1.5～2.0;当其达到 0.5 mg/L 时,过量投药系数可以达到 2.5 以上,这与实际反应有偏差。另外,诸如氧化工艺等反应过程,本身会产生较大的直接碳排放,同时很多化学反应所产生的泥渣等物质都会带来后续污泥当量碳排放的增加,以往研究对这部分的界定非常模糊,很难通过反应直接测算,可以在实时反应条件的基础上,与基础反应公式相回归,并按照其泥渣性质以全寿命周期方法计算其碳排放当量。

本研究基于典型设备、能源、药剂和污泥等定义了当量碳排放信息,构建了当量数据获取方法。任一碳排放信息都包含实时测试值和校核值,这些当量值不但包含设备曲线、基础当量信息等静态指标,也与设备运行信息相匹配,可以实现碳排放信息的实时数据校正。

5.2 污水厂底层碳排放模型构建

5.2.1 基于物质流的元素平衡模型

物质流的元素平衡将揭示碳排放物质产生总量和途径,是最终量化直接碳排放的重要方法。同时这一模型将多维度的碳排放边界进行了有效地统一,构建出碳氮磷等物质形态转换谱图,以此获取其转换率、逃逸率等信息,为日后降碳工作提供了依据。在具体的物质流元素平衡模型构建中,主要包括以下 4 部分工作：

（1）碳氮磷形态转化率

明确 C、N、P 各形态污染物产率，作为分时直接碳排放的估算依据。重点关注 CO_2、CH_4、N_2O、硝酸盐、磷酸盐、BIOMASS、N_2、PHA 等物质转化，建立转化率方程。其中，CO_2、CH_4、N_2O 都是典型的温室气体，与直接碳排放关联；BIOMASS 与污泥产生有关，与生物质能、污泥处置等会产生复杂的关联；硝酸盐、磷酸盐等不但会与出水指标等关联，同时还会影响药剂当量碳排放等指标。

（2）构建碳氧平衡模型

由于污水生化工艺主体为好氧工艺，碳氧平衡作为生化反应核算的基础平衡方程，将与气水比、氧转移效率、DO、CO_2 等发生关联。该方程的核心是计算 CO_2 的产率以及污泥增殖情况，根据碳氧模型可以校核碳形态转化方程，同时使之与工艺实时碳排放当量、能源消耗当量等相匹配。

（3）核算各代谢产物碳足迹

在碳氮磷转化率的基础上，解析其代谢过程，依据代谢产物循环方程（分别以碳循环、氮循环以及磷循环为主体），以物质流向为导向，将基本循环途径作为内驱反应算法，其过程产物和最终形态作为碳足迹的依据。这里可以回归到水质指标，比如碳循环是基于 COD 代谢的，N 循环是基于氨氮和总氮指标的，P 是以总磷作为指标的。这一过程也将物质代谢与污泥产率关联，打通水质与污泥量之间的内在碳排放关联，同时也可解释诸如亚硝酸盐积累而导致 N_2O 释放增加等问题。该模型一方面可以校核转化率的可靠性，另一方面也可预测碳排放变化，为降碳工作提供理论依据。

（4）碳氮转换耦合关系

对于量化脱氮过程外加电子供体所产生的碳排放，这部分碳排放以当量电子供体计算，将碳源分为内生碳源和外加碳源。内生碳源对碳排放是不改变的，而外加碳源则增加了碳排放，其计算包含过量系数（投加碳氮比系数）、碳源物质碳排放当量（药剂碳排放当量）等，由此可以进一步诠释外加碳源脱氮过程碳排放。

5.2.2　基于生化反应核算模型的构建

生化反应过程是整个污水厂的核心，关乎 70% 以上碳排放的产生，也是碳计量工作的重点。围绕生化反应有诸多参数，但并非所有指标都能指征碳排放信息。此外，对开放区域进行碳排放测试是复杂的，除了直接测量、当量核算，往往还需要仿真模型补充数据。因此，完整生化反应过程的碳排放核算模型对多源数据的一致性要求甚高，如何将实时计量值与校核值相统一是工作的核心。在整个模型体系构建中，实际上很多碳排放核算与其他底层模型是有交叉的，为保证核算值不重复，本研究回归到生化的基本过程中，即好氧过程、厌氧过程，但考虑到与下游污泥处理的衔接以及脱氮过程对直接碳排放的贡献，本研究单独提出污泥增值过程和脱氮过程的碳排放计量。其中，好氧过程着重于氧利用率以及 CO_2 生成率，重点考察分解代谢过程，同时使合成代谢与污泥产量建立关联；厌氧过程着重关注甲烷生成率、磷的释放率等，而脱氮过程依据途径构建标准模型。由于部分数据获取困难，这部分建模工作会依靠大量的实时仿真模拟数据与实测数据共同支撑。

（1）好氧生物代谢循环

基于微生物信息、代谢数据及 ASM 模拟，获取不同条件的好氧生化反应污染物降解率与 GHC、污泥产率之间的关联，重点以 CO_2 生成机制为突破口。在这部分计算中,要先明确合成代谢和分解代谢过程的比例。合成代谢分解为细胞增殖和内源呼吸(内源呼吸比例很重要),并将数据传递到污泥增殖模型中;分解代谢应明确 ASM 模型中不同代谢途径的污染物降解率及 CO_2 产率。

(2)厌氧消化过程(重点在厌氧区、污泥池和消化池内)

基于代谢数据及 ADM 模拟量化厌氧消化体系中 19 个子过程产生的碳排放当量,重点以甲烷和 CO_2 生成机制为突破口,每个子过程的碳排放当量根据条件进行赋值,根据子过程的权重及其相互关系进行加权计算。虽然甲烷产量比较大,但是厌氧过程甲烷排放并不是实际产生量(厌氧区的产生过程和消化池是差异很大的),因此还应补充部分实测指标(如甲烷泄漏量、过程 pH 值等)用于提高数据精度。

(3)污泥增殖过程

基于物质平衡的关系、活性污泥中微生物合成、自身氧化、净增值速率建立污泥处置中的碳排放模型,重点以碳源物质迁移为突破口。这与合成代谢有很大的关联,但仅仅是合成代谢还不足以获取污泥量指标,诸如污泥中无机物的比例等还要关联水质信息以及污泥指标的测试,以实测数据为主并以仿真模拟数据进行校验。

(4)生化脱氮途径

理论上传统的 ASM 等都具备脱氮过程的模拟功能,但之所以将其单独建模,目的在于标定不同脱氮路径间的差异。实际上,未来底层模型不可能完全依靠仿真数据的实时输送,仿真数据应该作为数据挖掘工具或补充而不是运算工具。为简化脱氮过程运算,对传统硝化反硝化、同步硝化反硝化、短程硝化反硝化、厌氧氨氧化、无机脱氮等主流技术依据反应参数进行定义,将氨化、硝化、反硝化等过程中的具体反应方程化,而后根据实测或模拟数据明确其脱氮方式和权重比例,通过加权计算获取实时脱氮信息(主要以碳源代谢和 N_2O 释放为主)。

需要说明的是,以上 4 个过程存在着很多碳排放数据的交叉,这与工艺类型和运行参数存在一定的关联。不同于传统的仿真模拟,碳排放数据的提取关注于典型碳排放物质的迁移和转化。例如在好氧模型中,碳源消耗是一个重要的指标,污泥增殖不仅应关注绝对量,更应关注内源呼吸比例及形式,而厌氧过程虽然中间产物多、反应机制复杂,但这里更为关注的是最终代谢产物指向性。模型的关键是在各个子模型中提取核心碳排放数据,并根据反应过程划分界限,避免重复计算。各种生化过程提取的关键参数见表 5.3。

5.2.3　基于物化反应的核算模型构建

在污水处理中,物化反应类型多、药剂种类多,要想完整地覆盖全部污水处理难度较大。但根据目前广泛使用的物化反应过程来看,混凝除磷、氧化消毒、废气废渣、水头损失占的比例最大,因此重点以这些反应为基础建立碳排放当量核算模型。

(1)混凝除磷

除磷一般采用铝盐、铁盐以及氧化钙等药剂,每种絮凝剂药剂当量碳排放、过量系数、反应过程产生的当量污泥都存在差异。因此,要定义各种除磷药剂的碳排放当量表,这个表格中包含如下两个部分:

①药剂量产生的污泥当量碳排放,污泥当量取自于废弃物数据;

②药剂碳排放当量,除取自于表格的当量值,这里面还要考虑到药剂运输及使用过程的碳排放,尤其关注过量系数。

表 5.3　生化反应模型构建方法

生化过程	位点	模型基础	途径	关联项	数据来源	备注
好氧生物代谢	生物池好氧区	实时指标	合成代谢　细胞增殖	易降解有机物	现场测试	碳源消耗
			内源呼吸	ORP	实时测试	内源呼吸比例
		ASM模型	分解代谢	氨氮	实时测试	分解代谢比例
				硝酸盐	现场测试	污染物降解率
				自/异氧菌数量	现场测试	CO_2产率
厌氧消化	生物池厌氧区	代谢数据	甲烷生成机制	产甲烷菌数量	现场测试	甲烷生成率
	预浓缩池	ADM模型	物质平衡关系	有机物含量	现场测试	磷释放
				pH	实时测试	
	厌氧消化池		碳源物质迁移	甲烷泄漏量	现场测试	CO_2产率
污泥增殖	生物池	污泥增殖过程反应		COD	实时测试	污泥增殖量
				ORP	实时测试	实测为主模拟校验
		净增殖速率	合成代谢	TN	现场测试	
		仿真模拟		TP	现场测试	内源呼吸形式
				TSS	现场测试	脱氮过程差异

生化脱氮	生物池	ASM 模型	参数定义	传统硝化反硝化	TN	现场测试	碳源代谢
				同步硝化反硝化	NH$_3$-N	现场测试	N$_2$O 释放
				短程硝化反硝化	NO$_2$-N	现场测试	
				厌氧氨氧化	NO$_3$-N	现场测试	
				无机脱氮	ORP	实时测试	实测/模拟数据 明确脱氮方式及权重
				...	pH	实时测试	
		实测数据	方程化	氨化	自氧菌数量	现场测试	
				硝化	异养菌数量	现场测试	实时脱氮信息获取
				反硝化	水温	实时测试	
					C/N	现场测试	

(2)氧化消毒

基于氧化药剂碳排放当量及反应过程碳排放核算氧化过程碳排放,氧化药剂当量可根据相应参照值定义,并通过运输及使用方式进行修正。而氧化还原过程碳排放要基于其产生的当量 CO_2 进行折算。考虑到不同氧化剂作用机制差异,这里面要设置一个氧化还原效率,这也可以作为氧化还原碳排放物质产率数值。其中未有效利用部分视作为耗散,而有效部分定义为反应,反应碳排放产率定义为 A_1。在有催化剂的体系中,还可把催化剂作为一种当量碳排放,根据其流失或中毒情况进行赋值。此外,对于芬顿或铁碳微电解等氧化过程,还应设置铁泥的当量碳排放,此时整个氧化消毒过程最多为 3 个计算项。

在消毒过程中,实际上氧化剂与病原微生物反应很难量化具体的反应效率和耗散率,本研究将以投量与消毒效率曲线进行拟合,建立病原微生物去除率与消毒当量之间的关联,并以此进行碳排放核算。

(3)排泥排渣及废气

基于对泥渣、废气等物性分析,折算当量废弃物碳排放,这与泥渣组分有很大关系,应根据其成分、运输距离和路径定义当量碳排放。这里面的泥渣主要指格栅栅渣、沉砂池废砂。而各段污泥(包括反冲洗水和化学污泥)实质上都进入到了污泥处理系统,因此主要标定其潜在碳排放物质的转移情况。在实际运行中,这一数值并非一成不变,而是受到后续处理路径的差异影响而产生不同。由于各种污泥最终都是污泥处置过程全生命周期碳排放的一部分,因此可以先赋虚值防止重复计算。排泥排渣处理过程的回流液、上清液也应明确其组分,对回流液先赋虚值,如回流至前端进水则可不计取,如产生排放或泄漏,则根据排放或泄漏量计取,其取值与污水处理中的相关组分相衔接。

废气根据组分差异也可通过加权计算获取其当量碳排放,这里面尤其

关注 CO_2、CH_4、N_2O 这 3 种直接产生碳排放的温室气体。废气量除封闭体系外,一般要按照数值模拟计算,其组分数据可以通过实测获取,定期通过周界监测进行校核。

(4)水头损失

水头损失是能源消费的一部分,特别对应提升能耗部分,这也是传统水厂节能降耗比较容易忽视的环节。基于实时水头损失并追溯水头损失能耗来源明确其单位碳排放,并与提升过程能耗碳排放形成闭环互为校核。水头损失以主体构筑物单元及连接管渠为主,这一指标实际上求出的数值很小,理论上对碳排放影响并不大,但实际上对于水力梯度等关键指标而言,只有用水头损失才能完整地表达出差异,特别是对于某些水力型反应池,它可以作为关键的能耗消费碳排放评价指标,对应单位为 $kg\ CO_2/m^3$。

(5)其他物化过程

其他物化反应相对复杂,但在污水处理中常用紫外线消毒、过滤、吸附等过程的碳排放计算。其中,紫外线消毒过程主要以能耗碳排放计入,会在设备碳排放中计算,这部分无须重复;吸附和过滤是相对复杂的体系,它包含水头损失、反洗(脱附)过程能耗及排水当量、部分硫铁滤床还涉及脱氮、硫酸盐等变化,因此应准确定义各种组分、过程产物以及能耗当量进行加权计算。

典型污水厂物化过程相对简单,主要包含化学除磷、滤池、次氯酸钠消毒,但其格栅、沉砂池的废渣、各构筑物单元的水头损失也应加以计量。整个体系构建的难点在于当量碳的核算和单元计算项的分解。

5.2.4　基于能源核算的模型构建

(1)电能利用当量碳排放

电能碳排放往往被认为是容易核定的,常规的计算过程主要通过明确各时段各供电来源,太阳能、电网、沼气发电等比例及电网碳排放当量,实时拟合电能碳排放当量。实际上电能的消费和电能的供给是两条平行体系,如需为水厂提供实时碳排放信息,仅仅依靠能源累计值是远远不够的,无法说明能源碳排放分布,必须能够解析实时能耗碳排放并利用各类电能来源进行累积值校正。

实际上,电网当量碳排放并不是固定的,应该按季度或月度更新。太阳能和风能往往根据气候条件按照每日累计值核算,但有无蓄能以及新能源的利用方式存在着很大不同。如果是多余能量上网,则实际产生的碳汇是有损耗的,而且再从电网取电仍然是带有碳排放的,如能够就地利用,才能在真正意义上实现绝对碳汇。因此,这里可设置新能源的一次利用率和上网率系数比例,用以量化这一部分碳汇总量。热电联产所产生的能源理论上也存在这一问题,但典型污水厂内的沼气发电利用率都接近100%,此处应该综合衡量热电比例和发电效率,构建沼气发电函数,形成"污水厂生物质转化率—污泥量—沼气发电量"的对应谱图,便于与前端生化体系相衔接,快速获取沼气碳汇值。最终形成的电能利用模型是分时段多种来源电能的加权平均值,可以分解到各个单元设备,提供相应能源碳排放源强分布图谱。

典型污水处理厂当前电能来源由3部分组成:电网购入电能、新能源电能以及沼气热电联产电能。典型电能使用情况如下:

$$CE = CE_{电} + CE_{新} + CE_{沼} \qquad (5.1)$$

$$CES_{电} = CE/Q \qquad (5.2)$$

$$EF_{实} = CE/E \qquad (5.3)$$

式中　CE——运行维护耗电产生的碳排放总量,kg CO_2;

　　　$CES_{电}$——吨水处理消耗电能产生的碳排放量强度,kg CO_2/m^3;

　　　$CE_{电}$——运行维护消耗电网购入电能产生的碳排放量,kg CO_2;

　　　$CE_{新}$——运行维护消耗新能源电能产生的碳排放量,kg CO_2;

$CE_{沼}$——运行维护消耗沼气电能产生的碳排放量,kg CO_2;

$EF_{实}$——水厂消耗电能实际平均碳排放因子,kg CO_2/(kW·h);

E——运行维护消耗总电量,kW·h/d;

Q——处理水量,m^3/h。

①电网购入电能产生的碳排放量。

电网购入电能产生的碳排放量参照式(5.4)计算:

$$CE_{电} = E_d \times EF_d \qquad (5.4)$$

式中　$CE_{电}$——运行维护消耗购入电能产生的碳排放量,kg CO_2;

E_d——运行维护电网购入耗电量,kW·h;

EF_d——该地区电能排放因子,kg CO_2/(kW·h),华中地区取 0.858 7。

②新能源发电碳排放量。

太阳能和风能是一种清洁能源,其发电过程被视为零碳排放,电能在污水处理厂自用时也被视为零碳排放,即

$$CE_{新} = CE_{光} + CE_{风} = 0 \qquad (5.5)$$

③沼气热电联产碳排放量。

沼气进行热电联产时产生的碳排放主要由两部分组成:CH_4 燃烧产生的 CO_2 排放和沼气中原本含有的 CO_2 排放。参照式(5.6)进行计算:

$$CE_{沼} = CE_{燃} + CE_{原} = C_{CH_4} \times V \times \beta_{CH_4} \times \frac{44}{16} + C_{CO_2} \times V \times \beta_{CO_2} \qquad (5.6)$$

式中　$CE_{燃}$——CH_4 燃烧产生 CO_2,t CO_2/m^3 沼气;

$CE_{原}$——沼气中原有 CO_2 含量,t CO_2/m^3 沼气;

C_{CH_4}——沼气中 CH_4 含量,%;

C_{CO_2}——沼气中 CO_2 含量,%;

V——沼气小时消耗量,m^3;

β_{CH_4}——标准气压下 CH_4 密度,取 0.716 g/L;

β_{CO_2}——标准气压下 CO_2 密度,取 1.964 g/L。

④运行维护消耗购入电能产生的碳排放量。

污水处理厂能耗最高、对电能碳排放占据权重最大的设备为大型水泵和大型鼓风机。为了保证碳排放计算的准确性,需要通过设备的运行参数对其机型进行校核。其中,水泵校核参照式(5.7)进行:

$$CES_{水泵} = \sum_{i=1}^{n} \frac{g \times l \times \rho \times EF_{电} \times Q}{3.6 \times 10^6 \times \eta_i} \qquad (5.7)$$

式中　$CES_{水泵}$——运行维护消耗购入电力产生的碳排放强度,kg CO_2-eq/m^3;

　　　g——重力加速度,9.8 m/s^2;

　　　l——实际提升扬程,m;

　　　ρ——水的密度,kg/m^3,取 1 000 kg/m^3;

　　　$EF_{电}$——典型电能碳排放因子,kg CO_2-eq/(kW·h);

　　　η_i——第 i 组泵机组工作效率;

　　　n——总计使用 n 种不同工作效率的泵机组;

　　　Q——处理水量,m^3/h。

(2)热能利用当量碳排放

基于水厂水载热能潜力进行分析,利用潜热的同时对热能使用效率及利用量进行碳排放核算。理论化学能和理论热能的计算方法如下:

①化学能评估基于污水中所含有机物的 COD 值,本项目采用单位 COD 含能值(kJ/g COD)。所含化学能按照 CH_4 氧化计量方程计算,则 1 g COD 含有的理论最大化学潜能为 13.9 kJ。则污水的理论最大化学潜能可按式(5.8)进行计算:

$$B = V \times COD \times 13.9 \qquad (5.8)$$

式中　B——理论最大化学潜能,kJ;

　　　V——污水体积,m^3。

②污水的理论热/冷能可按式(5.9)进行计算:

$$A = M \times \Delta T \times C \qquad (5.9)$$

式中　A——理论冷/热量,kJ;

　　　M——污水质量,kg;

　　　ΔT——污水进出水提取温差,℃;

　　　C——污水比热容,取 4.18 kJ·(kg·℃)$^{-1}$。

　　而水中的冷/热能回收是依靠热泵实现的,根据 COP 定义,则热泵实际供热量/制冷量计算公式如式(5.10)所示:

$$A_{H/C} = A \pm W = A \pm \frac{A}{COP \mp 1} \qquad (5.10)$$

式中　$A_{H/C}$——热泵总供热量/制冷量,kJ;

　　　W——热泵所消耗的电能对输出热能的贡献值,依据 COP 计算;

　　　COP——热泵能效比,根据热泵实际运行参数确定,本研究取 4。

　　由式(5.10)可知,在热能利用中,水温与 COP 值是影响效率的关键,热能利用当量还与用户对冷热源的需求有关,考虑到污水厂存在大量的低品位热能,这部分的工作不仅仅提供潜热值,还对应提供不同温度低品位热能最佳利用渠道,用以满足最大碳汇需求。

（3）蓄能与碳补偿

　　根据上文所述,蓄能实际上能大幅度提升新能源利用率,同时也让污水厂具备调节整个社会公用设施用电的功能。蓄能本身似乎并不产生碳汇,但蓄能所增加的新能源利用量是可以实现碳汇的,这一指标目前被广大研究所忽视,因此应构建相应方程。同时,碳补偿的形式是多样的,实际上前文所述热能利用当量最终很多也是以碳补偿为出口的,根据不同碳补偿形式可以根据全生命周期设置当量碳汇,不同途径当量存在很大的差异,总的反哺碳汇是各种途径之和。

　　碳补偿涉及不同途径的当量转化,比如回用水去向、回收氮磷肥、进行土地利用等,但这些碳汇要折减处理或处置过程的碳排放,应按照全生命周期定义碳汇当量。典型污水处理厂碳补偿碳汇通过新能源发电电能上网实现。典型污水处理厂碳补偿碳汇按式(5.11)计算。

$$CE_{新0} = (1 - \varphi)(1 - \alpha)E_{新} \times EF_d \qquad (5.11)$$

式中　$CE_{新0}$——典型污水处理厂碳补偿碳汇,kg CO_2;

　　　φ——电能上网损失率,%;

　　　α——电能水厂自用率,%;

　　　$E_{新}$——新能源电能上网电量,kW · h;

　　　EF_d——电网电能排放因子,kg $CO_2/(kW · h)$。

5.2.5　基于设备碳排放数据库构建

设备碳排放数据库很多碳信息其实已经在能源、药剂等有所体现,那为什么还要单独构建呢? 实际上有 3 个原因:其一,全生命周期碳排放计算要依靠对设备碳排放体系的构建;其二,设备将有效提供实时碳排放数据,它往往是各碳排放计量中实时性、有效性最好的数据渠道;其三,可以为设备性能状态的监测提供可靠的校核数值。

(1)全生命周期设备碳排放数据库

建立重要设备全生命周期碳排放数据库是核定设备碳排放重要的一环。设备以消耗和排放两个指标作为核定碳排放的数据源和计算项,实际上设备碳排放与物化反应、能源碳排放息息相关。在应用层模型中,两者数据也是互为备用和校核的,很多情况下设备数据实时性更好,全生命周期设备碳排放可根据设备使用率、使用年限、制造及运输情况给定基准值,用这些指标形成基于使用率和年限的函数。全生命周期设备碳排放可以更为直观地比对设备性能,为企业碳排放资产管理提供重要依据。

(2)设备实时碳排放数据库

这部分工作要针对水厂各类型设备分类并建立碳排放当量值。对于各主要设备,按其工况进行碳排放数据拟合,明确设备实时碳排放,计算中包含能源应用、废弃物产生以及其他消耗等。对于辅助设备,要根据其数据来源和碳排放产生方式找到可校核的计算方法,具有实时数据的设备可以作为量化能耗和排放的数据源,对于采用分时或响应形式的设备数据,也可基于其工况对应设备碳排放指标,甚至非定时或响应型设备也可按照其工作周期定义碳排放当量。

此外,设备性能曲线、日志等往往也有很大的核算价值,也可用于校核其碳排放数据。实际上按照设备使用方式不同,可以将其划分为实时计量,(如提升泵、风机等)、分时计量(如刮泥机、格栅等)、响应计量(如阀门、压榨机等)、静态计量(如传感器等)、不定期计量(如起重机等)。由于各类设备工况差异较大,因此碳核算公式将产生较大差异,部分数据源除了中控数据、仪表数据和样本数据,还需要增加传感体系,增加实时数据获取方法,保证其可靠性。

5.3　污水厂应用层碳排放模型构建

5.3.1　污水输配碳排放模型构建

依据前文所述,污水输配过程的碳排放往往能够占整个水系统的 40%,虽然对于整个污水厂而言,输配水过程所占比重并不大,但考虑到对于水系统中碳源的回收等问题,仍需构建污水输配水碳排放模型。

污水输配水过程一般多为典型重力流,但有提升泵站、倒虹管以及部分压力管线,系统内存在大量检查井、跌水井、截留井,因此整个流行过程、GHC 释放过程以及底泥沉积过程都是复杂的。为简化模型,将污水输配过程碳排放分为 3 项:第 1 项为能量损耗,以水力坡度为计量的水头损失核算,折算到提升泵能效获取碳排放当量值;第 2 项为沉积量,此处以物理化学模型为主但伴随碳源物质转移,底泥可以按照全生命周期碳排放核算,为保证与第 3 项不重复,这里只以当量底泥计算;第 3 项为厌氧反应导致的 GHC 释放,主要以 CO_2、CH_4、N_2O 这 3 种直接产生碳排放的温室气体为计算值,计算单位距离或停留时间温室气体排放量。

在计算过程中,本研究会调用物化反应、厌氧过程、水头损失等底层模型。从数据来源的计算方式来看,以物化反应水头损失模型作为能量碳排放分时计算值(与流量相关),关键数据在于井的实时液位,与提升设备相关联并实现数据闭环校核。以流速、水质与沉积量对应方程计算泥渣沉积量,并基于清掏周期及其组分情况明确其碳排放当量,其中清掏周期和清掏后去向作为一个全生命周期当量进行赋值,组分采用分时测量。以厌氧过程来计算 GHC 数据,一部分来自实测值,另一部分来自仿真软件模拟值。

为提高计算效率和精度,将污水输配碳排放模型分解成若干标准模式,比如低、中、高流速管段(或水力坡度),建立各种检查井附属构筑物的标准碳排放模型,这将极大提升计算效率,数据获取也将更为标准化。污水输配过程的分解和计算方程可详见表 5.4。

表 5.4　污水输配过程碳排放计算方程

管段分类	引用模型	构成项	关联参数	权重系数	计量方法	校核方法
高流速管段	水头损失模型	能量损耗	水力坡度 i 管段长度 L 单位碳排放当量 $EF_能$	0.1	$CE = iL \cdot EF_能$	累计校核
	排泥排渣模型	污泥沉积	污泥沉积厚度 h 管段长度 L 污泥碳排放当量 $EF_泥$		$CE = hL \cdot EF_泥$	抽样校核
	厌氧消化模型	厌氧反应	管段长度 L 管段流速 v 厌氧碳排放当量 $EF_厌$		$CE = L/v \cdot EF_厌$	实测/模型模拟

管段分类	引用模型	构成项	关联参数	权重系数	计量方法	校核方法
中流速管段	水头损失模型	能量损耗	水力坡度 i 管段长度 L 单位碳排放当量 $EF_{能}$	0.4	$CE = iL \cdot EF_{能}$	累计校核
	排泥排渣模型	污泥沉积	污泥沉积厚度 h 管段长度 L 污泥碳排放当量 $EF_{泥}$		$CE = hL \cdot EF_{泥}$	模型模拟
	厌氧消化模型	厌氧反应	管段长度 L 管段流速 v 厌氧碳排放当量 $EF_{厌}$		$CE = L/v \cdot EF_{厌}$	实测/模型模拟
低流速管段	水头损失模型	能量损耗	水力坡度 i 管段长度 L 单位碳排放当量 $EF_{能}$	0.8	$CE = iL \cdot EF_{能}$	累计校核
	排泥排渣模型	污泥沉积	污泥沉积厚度 h 管段长度 L 污泥碳排放当量 $EF_{泥}$		$CE = hL \cdot EF_{泥}$	模型模拟
	厌氧消化模型	厌氧反应	管段长度 L 管段流速 v 厌氧碳排放当量 $EF_{厌}$		$CE = L/v \cdot EF_{厌}$	实测/模型模拟
检查井	水头损失模型	能量损耗	进水出水液位差 Δh 单位碳排放当量 $EF_{能}$	0.9	$CE = \Delta h \cdot EF_{能}$	累计校核
	排泥排渣模型	污泥沉积	污泥沉积厚度 h 管段长度 L 污泥碳排放当量 $EF_{泥}$		$CE = hL \cdot EF_{泥}$	模型模拟
	厌氧消化模型	厌氧反应	管段长度 L 管段流速 v 厌氧当量 $EF_{厌}$		$CE = L/v \cdot EF_{厌}$	实测/模型模拟

5.3.2　污水物化过程碳排放核算模型构建

污水处理中物化反应单元较为繁杂,主要工段包括但不限于:预处理过程中格栅、沉砂池、初沉池等,深度处理过程中过滤、吸附、膜过滤、化学除磷、紫外消毒、化学氧化消毒以及高级氧化等。实际上,物理化学过程与底层物化反应并不完全匹配,任何一个独立的工艺单元碳排放都是由多种因素构成的。因此,其计算中分项、分因素权重划分以及工艺差异等都将对计算结果产生较大的影响。

在各种工艺中,获取有效的数据源是计量过程中最为重要的。实际上无论是膜设备、刮吸泥设备,还是格栅等,其能耗损失一般并没有直接数据,要依靠设备运行工况加以拟合并用累计值校核。污泥量这一指标与含水率和组分关系巨大,一般可以以污泥当量计算,GHC产生量往往很低,可以通过分时测量指标,最终形成单位设备单位时间内当量碳排放或以吨水碳排放指标来表达实际碳排放情况。

5.3.3　污水生化过程碳排放核算模型构建

污水生化过程碳排放是最为复杂也是占比最大的部分,其计算结果对于整个污水厂计算尤为重要。在污水生化过程中,既要通过好氧、厌氧、脱氮以及污泥增殖等模型获取直接碳排放信息,同时还要关联药剂当量(如脱氮碳源)、能耗以及设备碳排放。

实际上,污水生化过程中的碳排放以曝气池为主,根据其污染物元素平衡、能源平衡、物流平衡以及代谢情况,需要引用除化学反应、热能利用以及碳补偿外的大部分底层模型。由于这一复杂过程的参数较多,同时部分参数难以通过实测值验证,因此往往要通过各底层模型之间的数据互为校正。在模型构建过程中要遵循以下条件:

①划定生化反应边界,利用元素平衡中碳氮磷形态转化率核定各种污

染物在生化过程中的形态转化比率,找到污染物形态转化途径及各种途径权重,而后分别对各种途径转化效率、能资源消耗以及温室气体产生进行量化。其中碳氧平衡模型主要关联理论需氧量以及碳源转化 CO_2 的比率,各代谢产物碳足迹将通过碳氮磷循环以及中间反应过程指征污染物转化途径,碳氮转换耦合模型将说明脱氮过程电子供体(碳源)的消耗、亚硝酸盐的积累以及 N_2O 转化。

②为获得实时生化碳排放信息,重点要基于生化反应模型进行挖掘,其中好氧生物代谢是主体。基于 ASM 模型可以清晰地给出 CO_2 的生成率以及代谢过程中分解代谢与合成代谢的比例,而 ADM 模型可以获取甲烷产率、污泥消化过程中的碳排放信息。污泥增殖和生物脱氮理论上也可通过以上两个模型进行模拟,也可以通过其他途径测试获得关键数据,不能完全依赖于模型预测,可以构建基于关键数据为指引的碳排放实时计量方程。

③对水头损失和水力梯度也要进行必要的核算,对于能耗指标主要以曝气、搅拌、回流为计量节点,所有能耗实时数值要与设备工况相对应获取间接碳排放的当量数据。此外,生化过程的碳排放核算还应依据生化反应工艺特征进行分类,不同模式间的碳排放组成权重会有很大的不同。几种典型生化工艺的生化过程碳排放核算项如表 5.5 所示。

表 5.5 几种典型生化工艺的生化过程碳排放核算项

工艺类别 计量方式	AAO 工艺	SBR 类工艺	氧化沟工艺	AB 工艺
能耗碳排放计量	鼓风曝气、搅拌、内外回流当量计算	鼓风曝气、搅拌、内回流当量计算	机械曝气为主当量计算	两段曝气、搅拌、回流当量计算
N_2O 碳排放计量	实时 N_2O 释放当量测算,以亚硝酸盐积累数据导出	周期 N_2O 释放当量测算,以氮转化率数据导出	区域 N_2O 释放当量测算,以亚硝酸盐积累数据导出	分段 N_2O 释放当量测算,以亚硝酸盐积累数据导出

续表

工艺类别 计量方式	AAO 工艺	SBR 类工艺	氧化沟工艺	AB 工艺
CH_4碳排放计量	实时甲烷释放当量测算,以 ADM 模型测算 + 实测数据源	周期甲烷释放当量测算,以 ADM 模型测算 + 实测数据源	区域 N_2O 释放当量测算,以 ADM 模型测算	分段甲烷释放当量测算,以 ADM 模型测算 + 实测数据源
CO_2碳排放计量	ASM、ADM 模拟数据	ASM、ADM 模拟数据	ASM、ADM 模拟数据	ASM、ADM 模拟数据
污泥增殖计量	以 ASM 模型合成代谢数据和污泥浓度数据计量	以 ASM 模型污泥增殖和周期排泥数据计量	以 ASM 模型污泥增殖和污泥浓度数据计量	以 ASM 模型合成代谢数据和污泥浓度数据计量
元素平衡核算方程	着重实时代谢产物碳足迹及碳氧平衡	着重周期碳氮磷形态转化率、碳氮转换耦合关系	着重周期碳氮磷形态转化率、碳氧平衡	着重实时代谢产物碳足迹及碳氮转换耦合关系
其他计量	水头损失	药剂投加	无	碳源释放等

5.3.4 污泥、废气、废渣处理处置碳排放核算模型构建

污泥、废气、废渣处理处置碳排放核算模型涉及内容较多,实际上污水厂各部分污泥、废渣差异非常大。以废气为例,污泥区以甲烷为重点监测指标,生化池 CO_2、CH_4、N_2O 3 种温室气体都非常重要,封闭构筑物可根据实测值进行当量直接计算,对于开放水体,可以模拟逃逸量,通过通箱法数据进行加权当量计算,同时应根据 ASM、ADM 模拟产生量加以校核。GHC 重点参数是 N_2O 释放量和 CH_4 逃逸量。

污水厂格栅栅渣、沉砂池废砂、生化污泥、化学污泥都可根据其组分、处理处置工艺进行当量赋值,并依据其产量核算出碳排放。格栅间距、沉砂池

停留时间等都会影响实际废弃物的数量与性质,可以根据设备数据库、物化模型及基本属性拟合出碳排放当量变化函数,根据工况变化进行分时计算。其中污水厂生化污泥部分最为复杂,一般污泥处理过程碳排放项应尽可能分解为能耗、药耗等,而处置过程一般按照工艺差异,通过全生命周期碳排放进行核算,在实时计量体系中也将随着环境条件、处置工艺参数等发生一定的变化。为此本研究周期性更新当量数据,以满足精度要求,针对不同污泥、废气、废渣,其计量核算项见表 5.6。

表 5.6　各种污泥、废渣、废气核算模型组成项

组成项 工艺碳 排来源	能耗项	物耗项	直接碳排放项	全生命周期	其他项
格栅栅渣	除污、压榨等设备	无	少量 GHC	依据组分	脱水流向
沉砂池废砂	洗砂机、气提等设备	无	少量 GHC	依据组分	脱水流向
初沉池污泥	刮泥机等设备	无	重点 N_2O 和甲烷	流向污泥处理流程	浮渣
生化池污泥	吸泥机等设备	无	重点 N_2O 和甲烷	流向污泥处理流程	浮渣
消化污泥	沼气泵、污泥泵等	碱剂	重点 CO_2 和甲烷	流向污泥处置流程	沼气
化学污泥	加药泵、刮吸泥机等	絮凝剂、碱剂等	无	部分进入污泥处理,部分单独计算	无
封闭构筑物废气	风机、除臭装置等	部分有吸附剂等	大量 GHC	无	除臭比率
开放构筑物废气	无	无	大量 GHC	无	散失率

5.3.5 能资源回收及碳补偿碳排放核算

能资源回收与碳补偿核算对于污水厂产生碳汇以及未来碳交易意义重大,必须有严格的实时计量以及数据校正体系。能源回收更关注于污水厂内,而碳补偿更关注于污水厂与社会循环的交互。根据目前各污水厂主要碳汇统计,在应用层模型中,应考虑以下 4 个部分:

(1)污水厂内生物质能的利用

污水厂内生物质能的利用不仅仅包含热电联产总量以及实际发电量,还应计算引入其他碳源的生物质潜能,这种外界生物质可被划分为水系统之内(如化粪池清掏等)和水系统之外(如餐厨垃圾等)。水系统之内的碳源将提升水系统中碳源利用率,由此折减前端管网当量碳排放,同时产生当量生物质能(调用碳氮转换耦合模型和厌氧模型),要根据 CH_4、N_2O 在管网中的转化率来计算直接碳汇(调用元素平衡模型),但还要考虑清掏及利用过程能耗、物耗的碳排放(调用能耗模型及设备数据库),并加上后续处置过程碳排放当量(调用污泥、废气、废渣模型),因此整个算式一般由上述 3 项构成。而外源投加生物质能,一般不需要考虑前端降低 GHC 所产生的碳汇,一般仅包括生物质能或碳源替代碳汇,并减去处理和处置过程的当量碳排放。由此也可以看出,从水系统内回收污泥碳汇更为明显。

(2)污水厂内其他新能源的利用

其他新能源主要为太阳能和风能。新能源产生的碳汇是可以折算成当量计算的,但这与能源消费方式和蓄能条件有很大的关系。如果污水厂存在蓄能,根据调蓄比率,其新能源综合利用率将得到极大的提高,从厂区能源边界来看,这属于降低加权后的能耗当量值。而如果将新能源上网,再从电网取电,则可以认为是社会碳汇的反哺,但这个反哺是有输配电的损耗的,甚至在部分时段要弃电,因此其碳汇要少于就地利用。因此新能源要分成两个应用模型计量,根据蓄能比率,现场替代部分按照减少外购电能计算,不能调蓄部分可以按比率并折减损耗计算上网(当量)碳汇。

（3）热能回收

热能回收一般包含热电联产部分和热泵部分。热电联产部分一般作为厌氧消化利用,如有剩余可以按燃煤消耗折算碳汇。同时热泵部分也包含水厂利用(或热能替代),可以调用能源及设备底层模型计算,碳补偿可以调用底层模型按照应用途径加权计算出。需要说明的是,热泵本身也要利用电能,这部分电能如不能利用新能源,则是有碳排放的,因此大规模利用热能蓄热(蓄冷)也是很有必要的。同时,热泵计算还要关联设备模型,以 COP 值、冷热能输送效率等作为计算依据。由此可见,将热能在水厂边界内尽可能应用碳汇是最明显的。

（4）回收资源以及土地利用所带来的碳汇

资源回收范围比较广泛,回用水、氮磷肥料等都可以纳入这一范畴,底层模型给定了全生命周期碳汇当量。这一数值与处理路径以及最终去向有关,但在应用层模型中往往还要添加运输距离、资源化比率以及存储等中间过程碳排放。

基于以上分析,这 4 个部分所调用的底层模型及核算方式见表 5.7。

表 5.7　能资源回收及碳补偿各部分组成及调用

类别 能源	模式	调用底层模型	构成项	备注
污水厂 生物质 能	水系统内碳源	元素平衡、生化反应模型、污泥废气废渣模型等	水系统 GHC 折减 + 碳源碳汇 - 处置碳排放	碳源碳汇包括碳源替代和沼气碳汇
	水系统外碳源	生化反应模型、污泥废气废渣模型等	碳源碳汇 - 处置碳排放	碳源碳汇包括碳源替代和沼气碳汇

续表

能源＼类别	模式	调用底层模型	构成项	备注
新能源	厂内完全利用	能源核算模型、设备数据库等	能源折减当量	能源替代导致加权碳排放当量下降
	厂内不完全利用	能源核算模型、设备数据库等	能源折减当量+碳补偿碳汇	蓄能比率决定碳汇大小
热能利用	热电联产热能部分	生化反应模型、能源核算模型、设备数据库等	能源当量-设备碳排放当量	大部分就地利用
	热泵利用	能源核算模型、设备数据库等	能源当量-设备碳排放当量	热泵耗电
资源回收	回用水资源	物理化学模型、能源核算模型、元素平衡模型、设备数据库等	资源碳汇当量-污染物全生命周期碳排放-能耗碳排放-物耗碳排放	与利用途径有关
	氮磷回收	物理化学模型、生化模型、能源核算模型、元素平衡模型、设备数据库等	产品碳汇当量-能耗碳排放-物耗碳排放	与回收途径有关
	土地利用	物理化学模型、生化模型、能源核算模型、元素平衡模型	碳汇-污染物全生命周期碳排放-能耗碳排放-物耗碳排放	与利用方式有关

5.4 污水厂碳排放计量价值体系构建

基于污水厂碳信息挖掘、污水厂仿真模拟以及水务系统各种数据,可以驱动碳计量模型的运行,并可通过碳排放管理平台的建设,实现模型调用可视化展现,结合污水处理厂的实际场景和环境参数,进行碳排放分析,挖潜降碳空间,给出碳减排优化策略,科学支撑业务决策。以郑州某污水厂平台为案例进行介绍。

(1)碳排放总览

碳排放总览可提供污水厂碳排的直观信息,一般应可视化展示污水厂各单元排放源强,并能够展示实时及分时碳排放信息,提供碳排放趋势及相应预测信息,所具有的功能包括并不限于:

①污水厂碳排放量统计(应支持按年、月、日及实时数据信息),具备碳排放量数据查询、对比等基本数据展示功能;

②按区域或工艺单元显示污水厂碳排放实时热力图,显示污水厂实时碳排放时空分布情况,界面示意如图 5.3 所示;

图 5.3 污水厂碳排总览示意图

③直接碳排、间接碳排、碳汇等数据信息,对碳排分布、碳排放源进行分类展示。

(2)碳流解析

碳流解析可根据污水、污泥流向以及污水厂工艺流程,结合元素平衡解析污水处理过程物质转化情况,明确碳排产生方式。通过这种方式,既可以按工艺单元形成污染物碳排转化谱图,也可按照污染物最终形态进行归趋,实现处理过程与碳排产生过程的数据统一,如图5.4所示。

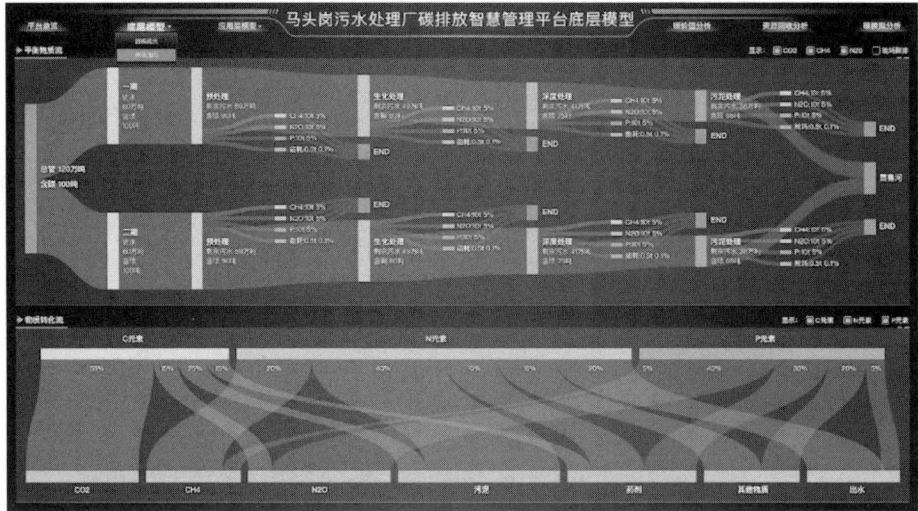

图5.4　污水厂碳流解析示意图

(3)工艺单元碳排放展示

工艺单元碳排放展示可根据污水处理工艺各环节收集的原料和能耗数据,对整个处理过程进行细分,详细展示各个工艺环节碳排放以及整个污水处理的碳足迹、碳流向过程,从而有助于精准定位重点排放环节和排放单元,为下一步精准定位、靶向降碳提供数据基础,可参照图5.5。其包含以下几个内容:

①工艺单元碳排强度可视化分布,可以网格化展示工艺单元碳排源强,提供实时碳排变化信息;

②基于工艺单元进行碳排趋势分析,提供预测依据,并提供实时碳排数据展示盘,实时提供碳排组成、碳排总量等信息;

③提供工艺单元内元素平衡及物质流向,提供物质碳排转化谱图,并从强到弱对碳排因素进行排序和分析。

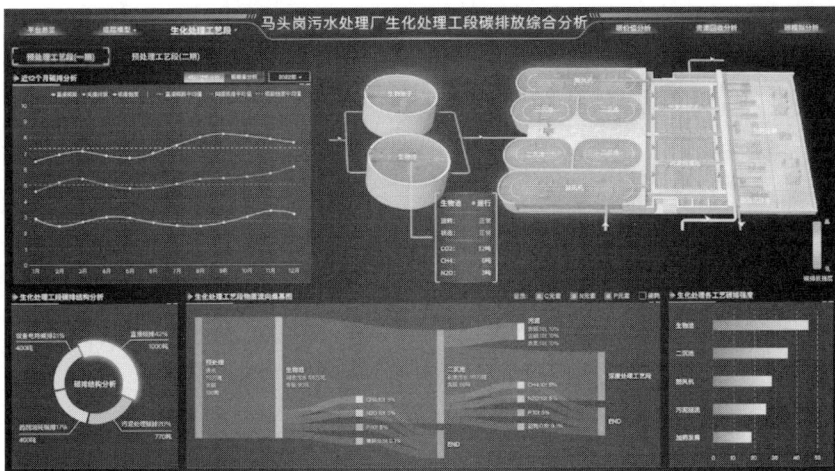

图 5.5　污水厂工艺单元实时碳排放分析示意图

(4)碳价值分析

碳价值分析应根据污水厂全部碳排放信息,提供实时、分时数据对比以作为确定工艺碳排指标的依据,同时能够详细分解碳排组成并提供数据趋势线,依据污水厂碳排及碳汇情况明确可交易碳排量,根据碳交易价格核算潜在碳交易价值,可参照图 5.6。

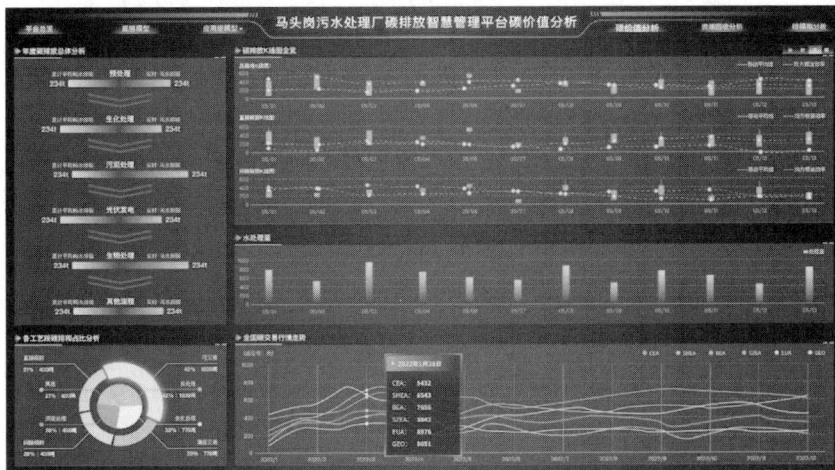

图 5.6　污水厂碳价值分析示意图

第 6 章

污水厂碳排放构成分析

6.1 污水厂直接碳排放分布

污水处理中碳、氮、磷的去除过程对直接碳排放影响巨大。有研究利用碳足迹模型对 Bochum-Ölbachtal 污水处理厂进行碳排放核算,结果显示 CH_4、N_2O 当量人口直接碳排放量为 7 kg CO_2-eq/(PE×a),而碳源代谢过程产生的 CO_2 被认为是生源性的碳而不被计入碳排放总量,但如污水厂接纳一定比例的工业废水,则这部分 CO_2 实际上是要计入整个社会碳排放的。目前对污水污染物组成并没有明确的计量方法,事实上各种计算方法几乎均忽略碳源代谢过程中的 CO_2,因此实际上污水厂碳排放比目前很多研究的核算更高。同时,在污泥处理过程以及污水厌氧区域中甲烷的排放当量不容忽视,虽然污水系统中大部分甲烷来自化粪池和管网输送过程中,但在污水厂中仍然有大量甲烷产生于厌氧区和污泥厌氧消化过程。

污水处理厌氧区的甲烷实际产率较低,这与停留时间、进水水质以及污泥负荷等关系巨大,不同的工艺类型差别较大,但其总量并不高,实际上最终仅有不到 2% 的碳源转化为甲烷,如图 6.1 所示。而污泥厌氧消化产生的甲烷基本来自系统漏失,可以按照漏失率来进行量化。目前,测试数据发现,甲烷漏失当量是比较低的,理论上漏失率小于 1%,这一部分甲烷甚至可以被完全收集。

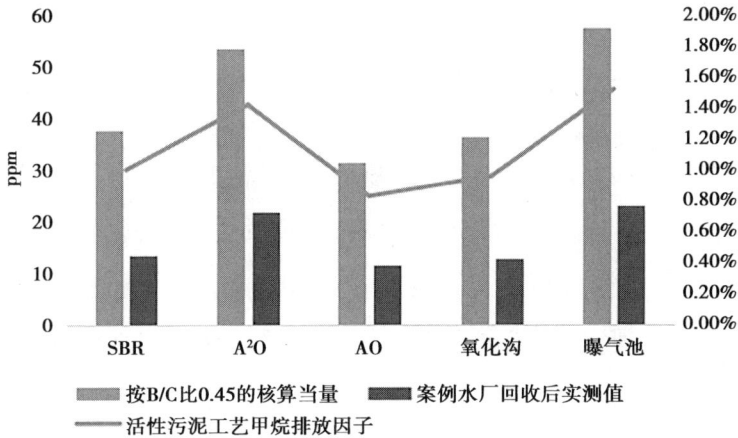

图 6.1　不同工艺污水厂厌氧区甲烷产生当量

　　实际上,工艺碳足迹的变化与处理过程和微生物代谢息息相关,同时还要考虑到驱动这一代谢过程往往需要充氧实现,其中的碳氧转化效率会影响能耗效率。碳代谢的过程往往还要产生大量的间接碳排放,并与脱氮除磷互相影响,实际上不应该简单地从碳代谢产物直接定义碳排放,而应该综合考虑其作为电子供体在代谢过程中的能耗当量等因素。

　　在探讨碳源分布过程中,根据实际情况上可以划分为污水链条和污泥链条。随着处理工艺的差异,二者的比例和碳排放产量呈现出明显的差异。其中,传统的污水处理过程如延时曝气法等技术虽然降低了产泥量,但实际上是以将碳源以 CO_2 转化最大化为代价的。目前很多研究倾向于诸如 AB 法的改型工艺,即将碳源最大化地在前端回收而进入污泥路线,从而获得最大比率的生物质能,这个路线会产生更大的碳汇效益。

　　虽然污水中的碳代谢大部分被认为与曝气过程相关,但实际上在整个污水处理流程中都有碳足迹分布,明确碳足迹分布是标记污水厂碳足迹的关键。研究发现,污水工艺过程的碳足迹分布是比较分散的,对国内约 40 个污水处理厂的调研数据表明,以市政污水为主的处理过程,碳足迹在前端预处理、初沉、生化过程以及污泥处理和处置中都有分布,其中生化过程当量最大也最为复杂,并与污泥过程碳排放有直接关联。

6.1.1 预处理过程直接碳排放

污水在前端预处理过程中,格栅栅渣、沉砂池砂等会截留一部分有机污染物。从各水厂阶段水质监测情况来看,格栅的栅渣与其间隙有很大关系,栅间距越大,其格栅截留的无机物比重越高,同时栅渣量越低,如图 6.2 所示。通过数据发现,目前我国大部分粗、细两级格栅,其有机物截留量非常有限,实际 COD 去除率几乎可以忽略,即便是采用 5 mm 格栅,其万吨水截留 COD 的量仅有 6.23 kg 不到,仅相当于污水中 0.62 mg/L 的 COD 去除,约占全部 COD 的 0.2%。如果按照我国 50 mm+10 mm 两级格栅计算,则万吨水相当于折减 COD 的量仅有 1.34 kg 左右,其中近 90% 的栅渣和超过 99.8% 的有机污染物来自细格栅栅渣。

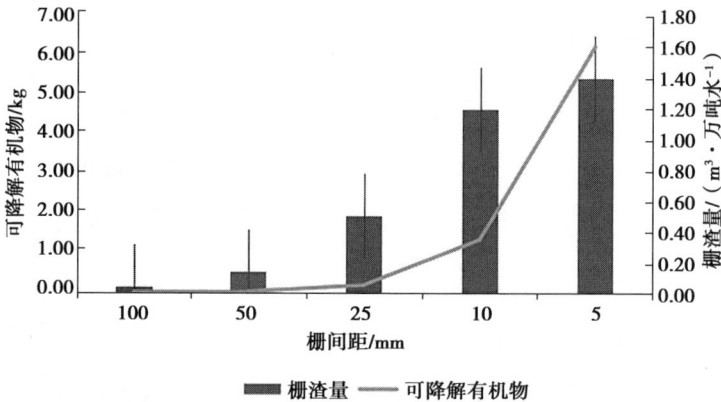

图 6.2　格栅栅渣量及其截留有机物关系示意图

典型污水厂采用 25 mm 中格栅+6 mm 细格栅,根据计算,每万吨水粗格栅栅渣量为 0.5 m³,含水率 61%,粗格栅中含有的有机质为 0.156 kg,考虑脱水后含水率约 35%,计算脱水量约 0.2 m³。按比例污染物释放计算,预计其废水中 COD 浓度约为 312 mg/L,高于原水 15%,与实测值相似(267 mg/L),高于原水 10%。细格栅产生栅渣量为 0.86 m³,其含有的有机质约为

2.85 kg,含水率约 82%计,实际压榨后废水约为 0.6 t(压榨后含水率小于 40%)。按照有机质等比例释放,有机质预计折算后 COD 约为 7 360 mg/L,这与实测值(7 900~8 250 mg/L)基本一致(这与压榨过程部分小颗粒有机物破碎等因素有关)。同时实测发现,这部分废液中氨氮约为 385 mg/L,磷酸盐约为 83.6 mg/L,这种比例是较为合适的,可以经过合理的除磷技术(如石灰澄清等)进行预处理,而后这部分量少量浓度较高的废液可作为碳源补充脱氮。

沉砂池的含砂量为每万吨水 0.04~0.3 m^3,密度为 1 500 kg/m^3,含水率为 60%,部分合流制系统甚至可高达每万吨水 1.8 m^3。不同的沉砂池污泥中有机物含量不尽相同,一般而言,平流沉砂池有机物含量可达 16%~20%,而曝气沉砂池仅有 7%~10%,旋流沉砂池介于二者之间。随着负荷的改变,沉砂池产砂量差异很大,如图 6.3 所示。

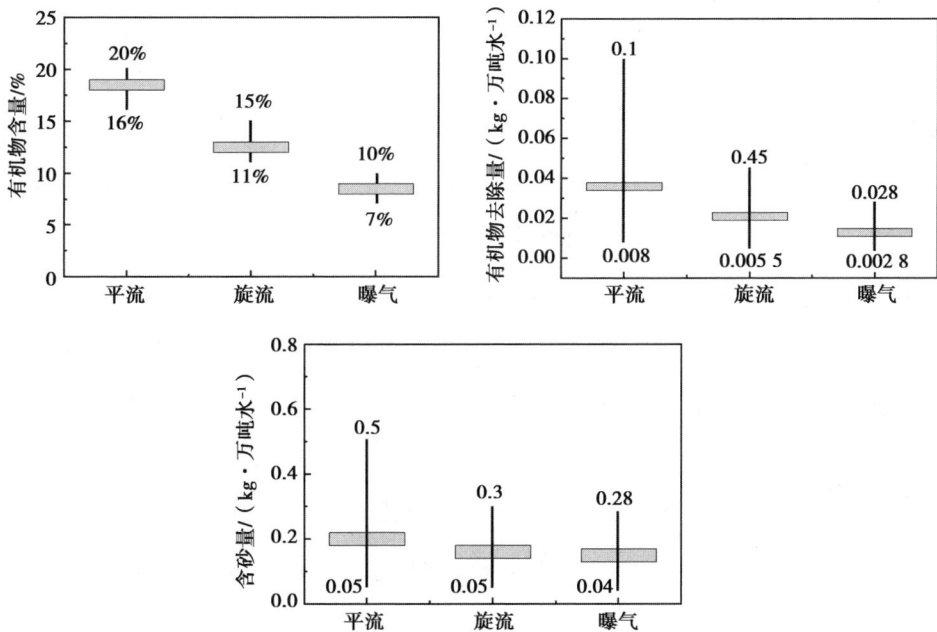

图 6.3 沉砂池碳足迹分布

　　沉砂池实际截留碳源能力有限。以截留能力最强的平流沉砂池为例，其万吨水仅能截留 100 kg 有机物，换算成吨水浓度，实际折减量小于进水 COD 的 3%，均值仅有 1% 左右。考虑到洗砂机效率，实际上仍可回收污水中 0.6%~0.8% 的碳源，沉砂池洗砂后废液 COD 浓度可超过 12 000 mg/L，完全具备回收价值。

　　初沉池对有机物（以 COD 计）的截留可超过 20%，但大部分去除的有机物为颗粒有机物。很多研究表明，初沉过程对于碳源利用意义重大。在传统的工艺流程中，由初沉池沉降的碳源污染物多进入到污泥处理中，虽然能够提升生物质能产率，但整理利用效率不高。因此也有许多观点认为，在我国这种进水 COD 相对较低的情况下，取消初沉池对于整体碳源利用是有利的（主要目的是提高 C/N 值）。事实上，典型水厂目前初沉池整体利用率很低，只有在悬浮物质（SS）增加（如降雨）等时刻使用，其目的也在于提升生化过程的 C/N 值。

　　从碳足迹优化的角度而言，在进入生化段之前尽可能回收碳源是更为合理的，比如 CEPT 工艺通过化学药剂的投加可实现显著地提升颗粒性有机物，并可回收 43% 有机物用于能量回收，产生电能 2.09 kJ/g COD，而 HRAS 工艺可以实现 55%~65% 的前端有机物去除（生物吸附的理论极限值为 70%），工艺组合回收可实现 47% 的有机物用于能量回收，产生电能 2.29 kJ/g COD。这一数据可以说明，未来初沉过程可以被碳捕集单元替代，生化处理前捕集的碳也不只用于生物质能的产生，还可以通过有效的手段进行 EPS 释放，补充后续脱氮碳源，这将彻底改变现有碳氮同步去除的理念，实现碳的精准匹配脱氮，会大大提升碳源的利用效率。基于生物吸附所捕集的碳释放效率更高，这也是在低碳时代 AB 工艺重新被推崇的根本原因。

　　国内部分水厂调研发现，初沉池截留污泥量为 50~130 g/吨水，以典型水厂的数据来看，均值约为 90 g/吨水（90 mg/L 达进水 SS 的 47%）。根据相关设计计算参数,吨水分离污泥量为 0.9~3.2 L,典型实测均值为 2.25 L,污泥含水率约为 96%,则计算实际干物质量为 90 g,与 SS 去除值一致。初沉池内实际 COD 去除率约为 55 mg/L,约占进水 COD 的 20%,实际干污泥组分中约有 60% 为有机物。传统理论认为可以直接进入消化池增加生物质产生量,但实际上这一部分有机物更适合用于脱氮碳源的捕集。根据我国水质特点,目前碳源投加成本均值已经超过水厂处理成本 15%,个别水厂甚至达到 1/3,实际碳源投加量可根据式(6.1)计算得到。

$$C_m = 5N \qquad (6.1)$$

式中　C_m——必须投加的外部碳源量(以 COD 计),mg/L;

　　　　5——反硝化 1 kg 硝态氮需外部碳源量(以 COD 计),kg COD/kg NO$_3$-N;

　　　　N——需要用外部碳源反硝化去除的氮量,mg/L。

现有工艺条件下,脱氮过程碳源投加量需达到理论反硝化需碳量的 5 倍,表 6.1 说明了不同碳源去除 11 mg/L 的总氮药剂成本。可以看出,即使不考虑药品投加过程消耗,即便是最低成本的甲醇,也接近 0.1 元/吨水,而乙酸钠则高达 0.46 元/吨水,如果将其进行中温消化产生生物质,其最多可替代 0.05 kW·h 电能,均值约为 0.04 元。由此可知,外加碳源产生碳排放抵消生物质能碳汇后,仍有明显增加。

表 6.1　脱氮碳源成本

碳源	甲醇	乙酸	乙酸钠	葡萄糖
COD 当量/(kg COD·kg^{-1})	1.5	1.07	0.68	0.6
万吨水投加量/t	0.5	0.7	1.1	1.25
吨水成本	0.092	0.2	0.46	0.235
药品单价/(元·t^{-1})	2 500（工业级）	3 900（工业级）	3 300（58%）	2 000（70%）

实际上,前端碳源这部分有机物释放难度较低(不存在细胞破壁等问

题),通过物理化学方法即可提高释放率,如采用生物絮凝、吸附等方法,理论碳源回收率甚至可达 70%,实际上部分工艺已经超过 65%。未来污水厂中初沉段的目的将从降低 SS 转换为高 SS 时实现无机物分离,常态化实现碳源提取。

6.1.2 生化过程直接碳排放

曝气池在整个污水处理过程中碳足迹最为复杂也是比例最大的。根据麦金尼对曝气池内微生物代谢分解的说明,可以发现在微生物菌体内,合成代谢和分解代谢同时发生,其中可降解有机物中约有 1/3 被转化为无机物和能量,无机物主要以 CO_2 的形式释放,但在厌氧状态也有一部分转化为甲烷,而合成代谢发生将形成污泥增殖,后续是否能进一步形成碳排放主要看是否进入内源呼吸期,内源呼吸将释放最多 80%的碳源,如图 6.4 所示。

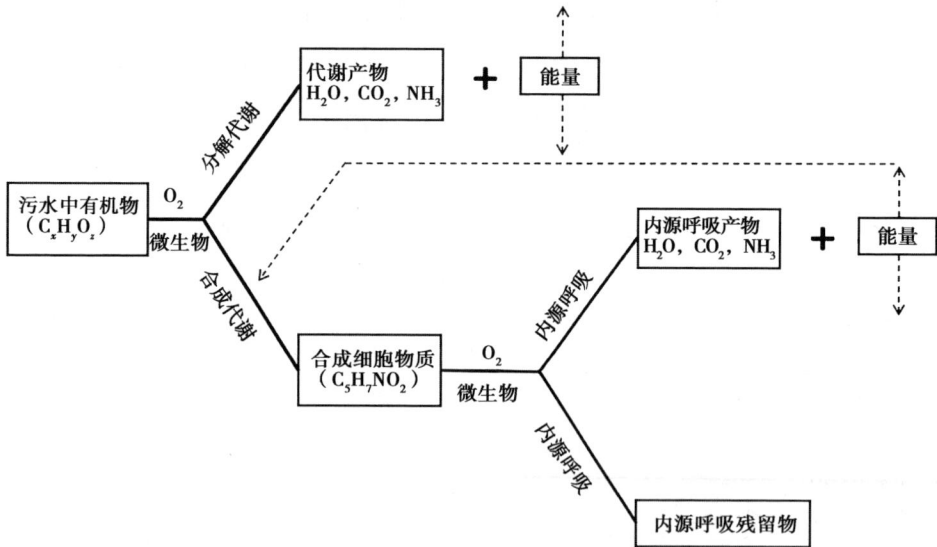

图 6.4 活性污泥微生物细胞内分解及合成代谢路径图

从碳排放的角度来看,虽然污水厂中的有机物多为生源性碳,污水处理过程产生的 CO_2 往往不计入社会碳排放中,但碳源的有效利用仍然是提高生物质碳汇、降低脱氮碳排放等最有效的方式。从碳的视角出发,碳应该尽可能从污水中回收,在满足微生物最低能量的情况下,尽可能将有机物转移到污泥中,而后以 CH_4 作为生物质出口,以碳源为脱氮出口。这一观点也证明诸如延时曝气等工艺从碳排放角度而言是不合理的。因此可以依据生化反应过程对碳源利用情况进行划分,具体如下:

首先是脱氮过程碳源的需求。根据目前研究来看,COD/TN 要大于 2.86 才能满足基本需求,实际脱氮过程需要 COD/TN 不低于 4 才有较好的去除效率,这一比例是考虑到部分短程硝化和厌氧氨氧化的作用,一般传统硝化反硝化体系外投碳源脱氮碳源投加比例可达 5 以上。以典型污水厂为例,实际 TN 的平均去除量为 22.5 mg/L,对应脱氮部分碳需求为 90 mg/L。

其次来自生物分解代谢,生物分解代谢包括两个部分。第一部分为厌氧分解代谢,最终以 CH_4 和 CO_2 排放,考虑停留时间、温度以及降解率,这部分主要在厌氧区中产生。除脱氮作用外,碳源有机物厌氧代谢比例一般为 5%~10%,实际去除率约为 30%,其中 1/3 用于分解代谢,则实际厌氧分解代谢为 0.5%~1.0%,均值约为 0.7%,其中仅有 40%~50% 最终以 CH_4 形式逃逸,因此可以认为约有 0.35% 的碳转移成为甲烷。以典型污水厂为例,进入厌氧区的污水 COD 浓度约为 220 mg/L,预计吨水将产生 0.77g 甲烷,其当量碳排占全部碳排放约为 3.5%。第二部分为好氧分解代谢,而好氧分解代谢将被认为可完全转化为 CO_2。实际上分解代谢比例越低,越有利于碳源的回收,因此前端尽可能回收碳源以降低整体分解代谢比例是有益的。从目前前端回收 2/3 的碳推知,未来分解代谢有可能控制在全部碳源利用的 10% 左右,从微生物能量需求来看,这比例其实也有一定的富余。

以 AB 法 A 段为例,其产泥系数可达 0.924,这是由于微生物个体小、吸附能力强、负荷高以及污泥龄短等诸多因素形成的。实际上以生物吸附替代传统沉淀池,碳回收效率会大大提高。以典型污水厂为例,经过格栅和沉砂池后的污水 COD 约为 285 mg/L,如采用 A 段回收碳源折算 COD 预计为

185 mg/L(按回收率65%计),其中预计仅有14 mg/L的碳通过分解代谢流失,这部分仅占全部进水 COD 的 5%不到。而且实际上吸附过程去除的碳一般多以 EPS 的形式存储在污泥中。根据相关文献报道,EPS 与细胞物质比例可达 3∶2 以上,高浓度污泥吸附后,增殖部分主要为细胞外 EPS,而 EPS 中仅有少量进入细胞内代谢,预计参与分解代谢的占比为7.6%,考虑到分解和合成代谢的比例关系,预计有机物参与代谢比例仅有23%,77%的有机物进入 EPS 中。而 EPS 破碎相对容易,根据相关文献分析,EPS 破碎可回收 85%以上,因此可以确定超过 2/3 的碳源可以被释放,这相当于 125 mg/L 的当量 COD 回收。剩余部分可以产生生物质能,相当于 60 mg/L 的当量 COD。

而传统生化段的产泥系数仅有 50%~65%,延时曝气甚至更低。这一过程中实际上已经进入内源呼吸过程,驱动碳源物质走向 CO_2 生成路线而非甲烷产生路线,这是对碳源极大的浪费,因此在碳视角下污水厂应该多产污泥而非降低污泥产量,低负荷工艺污泥产量普遍低于高负荷工艺,因此未来提升污水厂负荷是更为合理的。剩余 100 mg/L 的 COD,考虑出水 20 mg/L,实际代谢碳源约为 80 mg/L,通过工艺优化可以实现 40%以上用于脱氮,如算上前端释放的碳源,则将会有 160 mg/L(含格栅和沉砂池回收),按照传统 1∶5 的比例可实现 32 mg/L 的总氮去除。如按照目前强化脱氮的路径可达到 1∶4 的比例,将实现 40 mg/L 的总氮去除,基本能保证市政污水总氮的去除(一般小于 50 mg/L)。

这一过程中未释放的碳源除了发生分解代谢以及部分合成代谢残体,大部分可以进行生物质能的产出,预计将有 48 mg/L 的碳源进行代谢,其中 1/3 分解代谢,剩余 32 mg/L 的碳源实现合成代谢,理论上都可实现生物质能的应用。结合第一部分回收的可用于产生生物质能的碳源,整个生化过程中约有 92 mg/L 当量 COD 进行生物质能应用,加上 160 mg/L 的脱氮利用,则可认为碳的有效利用率接近 87%(按进水 290 mg/L 计)。

此外，根据上文所述，在我国污水系统中，管网和化粪池预计截留超过40%的碳源物质（以典型水厂为例，约有45%的碳源污染物未进入水厂），如能从水系统中回收其中的50%，相当于118 mg/L，则又可极大提升碳源利用效率，不但能满足深度脱氮需求（即使按照1∶5的比例也可降低23.6 mg/L的总氮），而且具备极高的生物质能价值。这也证明，如果能充分利用水系统碳源，则不必依靠外加药剂实现深度脱氮。处理后出水中的 COD 可以按照 IPCC 规则计算其全生命周期碳排放，这一数值是非常低的，按照相应系数废水中 COD 转换为甲烷的系数约 0.028，即吨水产生 $0.56\ gCH_4$，相当于吨水产生 15.7 gCO_2 的碳排，仅占全部碳排放的 2.7% 左右。污泥处理过程预计产生的直接碳排放占整个碳排放的 3.5% 左右，预计为 21.6 gCO_2/吨水，此外尚有约 1% 的直接碳排放成因不明。

6.1.3　脱氮过程直接碳排放

脱氮除磷过程产生的碳排放对水厂的直接和间接碳排放影响非常大，一般而言，脱氮过程产生的 N_2O 被认为是最为重要的温室气体，其全生命周期当量是 CO_2 的 265 倍（也有文献认为是 310 倍）。N_2O 在处理后污水排放到自然水体的排放因子为 0.005 kg N_2O/kg N，排放至富营养化水体中为 0.019 kg N_2O/kg N。以典型污水厂为例，剩余出水 TN11 mg/L，相当于 14.6 mg/L 碳排放，约占整体碳排放的 2.5%。

脱氮过程碳排放与脱氮路径关系紧密，其碳排放主要来自外加碳源的消耗以及 N_2O 的产生，尤其是 N_2O 的碳排放当量巨大，往往是水厂直接碳排放最主要的部分。以典型污水厂为例（总氮去除约为 28 mg/L，但实际后面次氯能折减约为 0.5 mg/L），假设去除的总氮中有 5% 转化为 N_2O，不考虑回收的话，根据式（6.2）可以计算出产生的当量碳排放就高达 572 g CO_2/吨水，这几乎等于我国水厂的平均碳排放。因此从碳排放角度来看，降低 N_2O 转化率对直接碳排放控制意义重大。

$$CES_{N_2O-ww} = (TN_{in} \times EF_{N_2O-ww} \times 22/14 - M_{N_2O-T}) \times 265 \times 10^{-3} \quad (6.2)$$

N_2O 排放量的影响因素众多,不同工况下 N_2O 排放量相差较多,甚至不同碳源类型都会带来差异。这意味着 N_2O 的排放量很难通过化学方程式来定量,需依靠经验转化率确定产量,因此脱氮路径的选择是最为关键的因素。研究表明,传统硝化反硝化、同步硝化反硝化、短程硝化反硝化,以及厌氧氨氧化等路径碳排放差异巨大,见表6.2。

表 6.2 不同脱氮方式对比

技术名称	传统硝化反硝化	短程硝化反硝化	同步硝化反硝化	厌氧氨氧化
主要反应	$NH_4^+ + 2O_2 \longrightarrow$ $NO_3^- + 2H^+ + H_2O$; $2NO_3^- + 10H^+ \longrightarrow$ $N_2 + 4H_2O + 2HO^-$	$2NH_4^+ + 3O_2 \longrightarrow$ $2NO_2^- + 4H^+ + 2H_2O$; $2NO_2^- + 8H^+ \longrightarrow N_2 +$ $4H_2O$	$NH_4^+ + 2O_2 \longrightarrow$ $NO_3^- + 2H^+ + H_2O$; $6NO_3^- + 5CH_3OH +$ $CO_2 \longrightarrow 3N_2 +$ $6HCO_3^- + 7H_2O$	$NH_4^+ + 1.14HCO_3^- +$ $0.85O_2 \longrightarrow 0.43NH_4^+ +$ $0.57NO_2^- + 1.14CO_2 +$ $1.71H_2O$; $NH_4^+ + 1.32NO_2^- +$ $0.066HCO_3^- + 0.13H^+ \longrightarrow$ $1.02N_2 + 0.26NO_3^+$ $0.066CH_2O_{0.5}N_{0.15} +$ $2.03H_2O$
运行条件	分段好氧+缺氧	好氧+缺氧	缺氧	缺氧
电子供体	碳源	碳源	碳源	氨氮
碳源降低程度	无	降低40%	降低35%	降低80%
能耗降低程度	无	降低40%	降低30%	降低60%
剩余污泥产量	高	降低30%	降低30%	降低90%

相关研究根据氮的形态构建了完整的生物脱氮 N_2O 产生路径。这一路径显示,在硝化过程中 N_2O 并非是硝化过程的中间产物,反而是其副产物。在低溶解氧条件下,第一个中间产物——羟胺(NH_2OH)将发生积累,并会在羟胺氧化还原酶的作用下被氧化生成 N_2O。同时 NH_3 氧化的第二个中间产物——硝酰基(NOH)在低溶解氧的条件下发生聚合反应,生成 $N_2O_2H_2$ 继而水解产生 N_2O。如果硝化的第二步反应受到溶解氧的限制,NO_2^-进一步氧化将会受阻,致使体系中的 NO_2^- 积累,由此对微生物产生毒性。为避免 NO_2^- 在细胞内的积累,氨氧化菌在将 NH_4^+ 氧化为 NO_2^- 的同时,会产生异构亚硝酸盐还原酶,将 NO_2^- 作为电子受体产生 N_2O。因此 NH_2OH 和亚硝酸盐的积累是硝化阶段产生 N_2O 的最直接原因,称为不完全硝化。在反硝化过程中,N_2O 是必然中间产物,反硝化过程对 N_2O 排放量起到关键作用的是一氧化二氮还原酶,Nos 作为一种可溶性蛋白质,其活性很容易受到其他不利环境因素(如较高的 DO 浓度、低 pH 值、低 C/N)的影响,从而导致酶活性降低或丧失,抑制反硝化反应最后一步的进行,这将导致 N_2O 取代 N_2 成为反硝化的终产物,称为不完全反硝化。一般而言,不完全硝化是排放主体,甚至要占到80%以上,而不完全反硝化只要工艺参数控制得当往往占比较低。

同步硝化反硝化(SND)是在好氧状态下硝化和反硝化在一个反应器内同时进行的。在实际运行工况下,相比于传统全程硝化反硝化工艺,同步硝化反硝化过程中硝化与反硝化几乎是同时进行的。NO_2^-产生后,或被进一步氧化为 NO_3^-,或被反硝化,NO_2^-的累积量极少。与 NO_3^-相比,以 NO_2^-为电子受体时,N_2O 的释放量更高,这极大地降低了 N_2O 释放的可能。虽然也有研究认为好氧反硝化是 SND 过程中 N_2O 产生的主要来源,但大量研究认为 SND 工艺运行参数差异而导致的羟胺积累量、Nos 活性的变化与传统脱氮工艺差别并不大。很多新型生物脱氮工艺(如 PND、PNA 和 SND)均含有硝化或短程硝化过程,各工艺在硝化阶段 N_2O 的释放途径与传统两段式硝化/反硝化工艺类似。但同步硝化反硝化工艺中引起 N_2O 产生的关键因素的积累量极少,因此其脱氮过程 N_2O 的排放量少于传统硝化反硝化过程。有些研究证明,其仅有传统硝化反硝化工艺的 2/3,但也有研究显示其反而要高于传统硝化反硝化工艺数倍。SND 工艺产生大量的 N_2O 排放主要原因是在低溶解氧、低 C/N 等限制条件下,硝化和反硝化过程所涉及的 N_2O 产生途径均可能释放 N_2O。此外,异氧硝化和好氧反硝化等非传统途径对 N_2O 的贡献同样不能忽视。C/N 升高对 N_2O 排放更为有利,当 C/N 高于 7 时,N_2O 排放相较于 C/N 为 4 时下降 91%。由于短程硝化反硝化将氨氮氧化控制在亚硝酸盐氮阶段,将实现最大程度的 NO_2^- 积累,然后进行反硝化脱氮。其反应方程式如下:

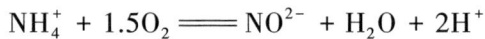

$$NH_4^+ + 1.5O_2 \Longrightarrow NO^{2-} + H_2O + 2H^+$$

$$NO^{2-} + 3H(有机电子供体) + H^+ \Longrightarrow 0.5N_2 + 2H_2O$$

虽然理论上短程硝化反硝化具有更快的反硝化速率,可以减少硝化过程中约 25% 的溶解氧消耗、后续 40% 的反硝化碳源需求以及 33%~55% 的污泥产量,似乎更加适用于低碳污水的处理。但为了实现短程硝化,则必须保证亚硝化细菌的优势,抑制硝化细菌的活性。该工艺运行时,最佳 pH 宜控制在 7.5~8.5,DO 宜控制在 0.3~1 mg/L。不难发现,短程硝化反硝化的最佳运行条件是在较高的 pH 和较低的 DO 条件下,这样的运行条件也恰恰是导致 NO_2^- 积累和 Nos 失活的不利条件,因此短程硝化反硝化工艺的 N_2O 排放量高于传统硝化反硝化。实际上相关研究对造成短程硝化过程中 N_2O 释放的主导途径尚不明确,不同研究中 N_2O 释放因子也并不统一。

根据 N_2O 释放因子变化范围发现,部分短程硝化比完全短程硝化波动更大,控制短程硝化中溶解氧差异会导致氨氮转化率不同进而引起 N_2O 产量差异。有研究在实际污水的试验中发现,溶解氧控制在 0.6~1.2 mg/L 时可以保持较高的硝化速率和较高的 N_2O 还原速率,有效减少 N_2O 释放。不同研究中最佳溶解氧的差异与进水水质有关。此外,短程反硝化过程中亚硝酸盐的产生和积累对 N_2OR 活性具有抑制作用，也可以导致 N_2O 的产生，因此短程硝化反硝化比传统硝化反硝化高 40% 以上，而实际工艺中往往增加数倍。

与传统脱氮工艺利用碳源作为电子供体不同，厌氧氨氧化是以 NO_2^- 作为电子受体将 NH_4^+ 厌氧转化为氮气的新型自养生物脱氮工艺，具备明显的低碳属性，被认为是双碳背景下脱氮的最优选择。厌氧氨氧化脱氮涉及两个步骤：第一步，约 50% 的氨氮通过部分硝化（PN）转化为亚硝酸盐；第二步，在厌氧条件下，厌氧氨氧化菌（AnAOB）利用第一步产生的亚硝酸盐为电子受体，将 89% 左右的氨氮氧化为氮气，剩下的氨氮氧化为硝酸盐，当以 CO_2 或 HCO_3^- 为碳源时的反应如下式，称为部分硝化和厌氧氨氧化（PN&A）。

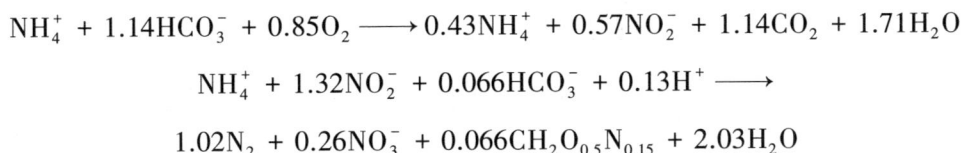

$$NH_4^+ + 1.14HCO_3^- + 0.85O_2 \longrightarrow 0.43NH_4^+ + 0.57NO_2^- + 1.14CO_2 + 1.71H_2O$$

$$NH_4^+ + 1.32NO_2^- + 0.066HCO_3^- + 0.13H^+ \longrightarrow$$

$$1.02N_2 + 0.26NO_3^- + 0.066CH_2O_{0.5}N_{0.15} + 2.03H_2O$$

厌氧氨氧化反应器产生的 N_2O 十分有限，释放因子通常小于 1%。尚无研究表明 N_2O 的释放与厌氧氨氧化菌的生理代谢有关，因此 PNA（短程硝化/厌氧氨氧化）工艺产生的 N_2O 主要是发生在短程硝化过程相关的途径中。基于自养生物脱氮的 2 个反应阶段，厌氧氨氧化通常与短程硝化过程耦合可形成两种运行方式的 PNA 工艺，即根据部分硝化和厌氧氨氧化反应的反应器数目分为单级反应系统和多级反应系统，无论哪种系统均存在 N_2O 排放，但不同运行方式下 N_2O 产生量差异明显。其中，单极 PNA 工艺为短程硝化和厌氧氨氧化在同一个反应器中进行，可有效避免亚硝酸盐积累而引起的抑制作用，N_2O 释放因子最低仅为 0.4%；而两段式 PNA 工艺是部分短程硝化反应器和厌氧氨氧化反应器的串联组合，两段反应的控制因素相互独立，虽然抗风险能力大大提升，但也会大幅度提升 N_2O 释放率。

根据相关统计数据，传统两段式硝化/反硝化工艺 N_2O 释放因子基本在 0.03%~2.7% 波动，均值约为 1.4%，完全短程硝化（氨氮转化率>90%）以及部分短程硝化(氨氮转化率 50% 左右)工艺 N_2O 平均释放因子十分接近,均为 2.6% 左右,除厌氧氨氧化和一段式 PNA 工艺外,其他工艺过程的 N_2O 释放因子均高于传统两段式硝化/反硝化工艺。其中,当硝化和反硝化同步进行时,N_2O 释放因子普遍较高,平均释放因子为 7.0%,约为传统两段式硝化/反硝化工艺的 5 倍,如图 6.5 所示。

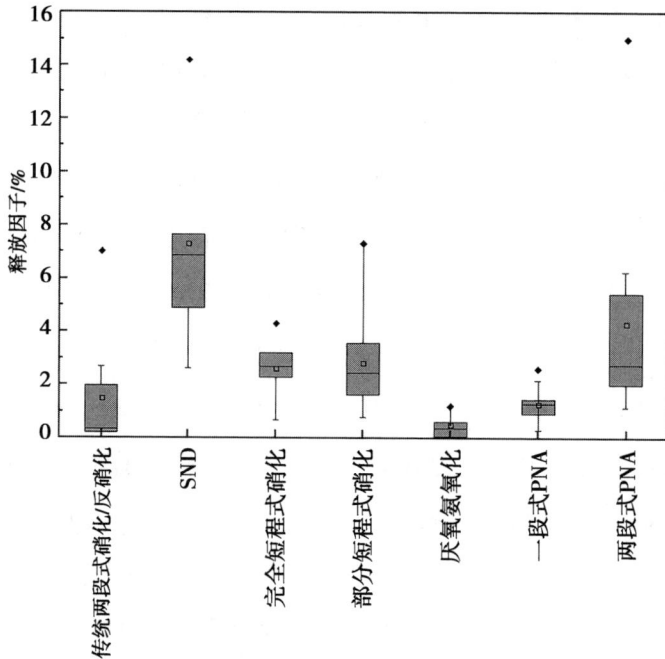

图 6.5　不同工艺脱氮过程释放因子

从以上分析来看,脱氮路径的选择对直接碳排放影响巨大。以典型污水厂为例,目前以传统硝化反硝化为主,但由于考虑降低能耗以及碳源消耗,实际上好氧区末端存在一定的亚硝酸盐积累,并有一定程度的短程硝化因素存在。因此其 N_2O 转化率接近 2%,相当于 225 gCO_2/吨水的当量碳排放,且仅有极少量的 N_2O 得以收集,因此这部分碳排放将占到总碳排放的40% 左右,占水厂直接碳排放的 80% 以上。如果能够保证充分的碳源,减少 NO_2^- 积累,其降碳潜力是非常大的。

如前文所述,脱氮过程投加碳源将极大地增加碳排放,而且这也是直接碳排放另一大来源,所增加的碳源除药剂当量碳排放外,作为电子供体的碳源最终都会转化为当量 CO_2。典型污水厂在冬季或氨氮较高的季节会投加一定的碳源,药剂为乙酸钠,当量 COD 系数为 0.68,按总水量平均计算,相当于提升进水 COD 不到 1%,即增加约 2.6 mg/LCOD,折算 3.6g 当量 CO_2。考虑到污泥处理过程当中仍有一部分甲烷和 N_2O,水厂直接碳排放总量约为 280 gCO_2/吨水,其分布如图 6.6 所示。不同水厂直接碳排放差异巨大,其中影响最大的是脱氮过程中 N_2O 的产生以及碳源投加产生的直接碳排放,而且二者存在一定的相关性,其中 N_2O 占比从 40%~80% 变化,而投加碳源产生 CO_2 从 1%~30% 变化,因此直接碳排放的控制需要重点规划脱氮路径选择。典型水厂脱氮程度高,我国污水厂平均 N_2O 转化率在 1.4% 左右,污水实际去除 TN 约为 27.2 mg/L,脱氮过程相当于 153 gCO_2/吨水的甲烷释放,同时投加碳源后所增加的碳排放预计有 18.5 gCO_2/吨水(考虑超过理论值部分 60% 通过污泥代谢形成污泥增殖),温室气体泄漏引起的碳排放约为 43.5 gCO_2/吨水,预计平均直接碳排放应为 215 gCO_2/吨水。

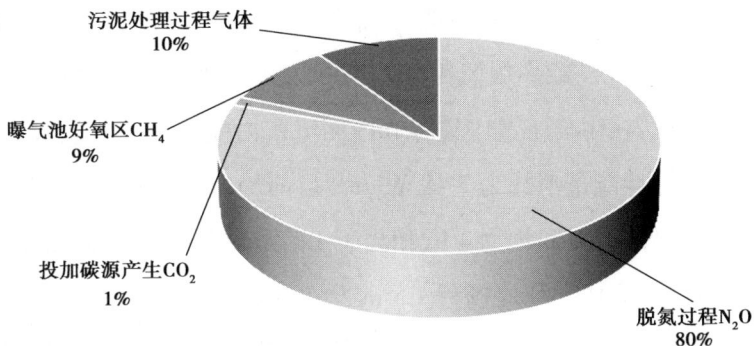

图 6.6 我国污水厂直接碳排放分布

6.2 污水厂间接碳排放分布

6.2.1 能耗间接碳排放分布

污水处理中的能耗、药剂当量碳排放属于间接碳排放,其占比往往大于直接碳排放。其中,能耗占比是最大的部分,目前我国污水厂平均能耗达 $0.355 \text{ kW} \cdot \text{h}/$吨水,虽然各地电网当量碳排放有一定差异,但都在 $0.9 \text{ g CO}_2/(\text{kW} \cdot \text{h})$ 左右。典型水厂目前能耗约为 $0.325 \text{ kW} \cdot \text{h}/$吨水,当量系数取 $0.786 \text{ g CO}_2/(\text{kW} \cdot \text{h})$(低于国内电网均值,考虑电网降碳,后文能耗碳排放均以此计算),则当量碳排放约为 $255.5 \text{ g CO}_2/$吨水(未考虑光伏和热电联产补偿),明显低于我国水厂平均值。

实际上各个水厂间接碳排放差异巨大,大部分水厂仅能耗就要占 50% 以上的碳排放,而且随着指标的提升,我国污水厂能耗近年来呈现增加的趋势。在整个能源分布中,曝气和提升是最主要的两个部分。在生化过程中总能耗均值约为 $0.26 \text{ kW} \cdot \text{h}/$吨水,其中曝气部分占比最大,目前我国水厂平均曝气比为 $7:1$,多采用罗茨或多级风机,曝气过程能耗均值约为 $0.22 \text{ kW} \cdot \text{h}/$吨水。除曝气过程能耗,在生化工艺中搅拌和内回流所占能耗也是比较大的,厌氧区和缺氧区平均搅拌能量消耗为 $2\sim8 \text{ W}/\text{m}^3$,目前均值约 $6 \text{ W}/\text{m}^3$。考虑到厌氧区和缺氧区一般停留时间约为 4 h,相当于 $1.5 \text{ W}/$吨水,而内、外回流能耗要大很多,比如按内回流比 300%,扬程 1.5 m 左右计算(均值),实际吨水内回流能耗约为 $0.025 \text{ kW} \cdot \text{h}$,外回流按 80% 计算,扬程 2.5 m,预计外回流能耗为 $0.008 \text{ kW} \cdot \text{h}$,加之搅拌功耗合计约 $0.04 \text{ kW} \cdot \text{h}$,因此外回流加搅拌能耗约占曝气能耗的 15%,而且这部分能耗很难进一步降低。

提升部分按照一次提升高度 15 m 计算,其能耗约为 $0.07 \text{ kW} \cdot \text{h}/$吨水(二次提升成本更高),这一部分节能空间也极其有限。污泥处理部分能耗包含污泥提升、螺杆泵、污泥脱水机等,约为 0.015 kW·h(如采用带式机还应考虑冲洗水,包括部分栅渣),其余部分按照 0.01 kW·h 计算(包括各种刮吸泥机、格栅、加药系统、照明等),则合计值为 0.355 kW·h/吨水,如图 6.7 所示。

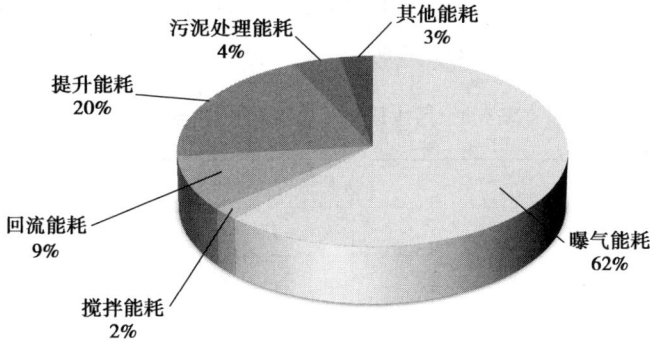

图 6.7　我国污水厂平均能耗分布

典型碳排放分布有一定差异,其中曝气过程能耗低于均值,但是由于二次提升,其提升能耗增加了 30%,机械浓缩及复杂的污泥转运路线使得污泥处理能耗大幅提升,而增加搅拌设施,为提升脱氮效果而提升污泥回流量(特别是在二期)等也一定程度上增加了能耗,部分能耗具备一定的降低空间,如图 6.8 所示。

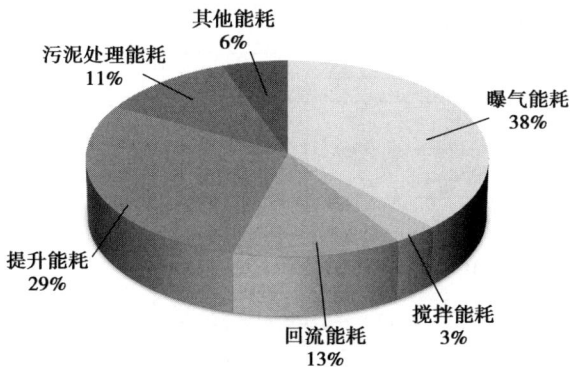

图 6.8　典型污水厂能耗分布

6.2.2 药耗间接碳排放分布

污水厂药剂消耗属于另一大间接碳排放,市政污水厂药剂主要用于脱氮、除磷、氧化消毒等环节。根据相关资料,水厂常用的药剂当量碳排放见表6.3,其中不包含运输过程碳排放。

表 6.3 污水厂常用药剂碳排放当量

种类		碳排放因子	单位
药剂	电	0.895 3	$kgCO_2/(kW \cdot h)$
	石灰	1.4	$kgCO_2/kg$ 石灰
	NaOH	0.84	$kgCO_2/kg$ NaOH
	碱度	1.74	$kgCO_2/kg$ 碱度
	甲醇	1.54	$kgCO_2/kg$ 甲醇
	聚合氯化铝(PAC)	1.62	$kgCO_2/kg$ PAC
	聚丙烯酰胺(PAM)	1.5	$kgCO_2/kg$ PAM
	$FeCl_3 \cdot 6H_2O$	2.71	$kgCO_2/kg$ 六水氯化铁
	其他絮凝剂	2.5	$kgCO_2/kg$ 絮凝剂
	液氯	2	gCO_2/kg 液氯
	其他消毒剂	1.4	$kgCO_2/kg$ 消毒剂
	其他药剂	1.6	$kgCO_2/kg$ 药剂
燃料	标准煤	2.493	$kgCO_2/kg$
	天然气	1.879	$kgCO_2/m^3$
	柴油	3.095 6	$kgCO_2/kg$
产品替代	氮肥(尿素)	2.041	$kgCO_2/kgN$
	磷肥(P_2O_5)	1.47	$kgCO_2/kgP$
	水泥熟料	0.52	$kgCO_2/kg$
	污水 COD	0.63	$kgCO_2/kg$ COD

不同于工艺及运行方式使得污水厂药剂使用量差异巨大,污水厂药剂

碳排放规律性较差,如一级 B 类的水厂脱氮药剂和除磷药剂消耗非常低,甚至不投加,因此药剂当量碳排放仅为水厂全部碳排放的 5% 左右。而一级 A 类及以上的水厂药剂碳排放将增加 1 倍以上,部分水厂甚至要超过水厂总碳排放的 15%,而类地表 4 类等更高的标准会进一步增加药剂碳排放的比例。此外,采用不同消毒类型也会导致极大的药剂碳排放当量差异。

以典型污水厂为例,目前常用的药剂主要为聚合氯化铝、次氯酸钠以及不定时补充少量碳源根据。根据各种药剂平均投量可计算出药剂当量碳排放的分布,如表 6.4 所列。其中,聚丙烯酰胺投量与干污泥量相关,如 2022 年浓缩剂用了 1 893 kg,脱水剂用了 5 662 kg,实际处理了 1 920.4 万吨水,折算为 0.003 9 mg/L。根据计算,典型药剂当量碳排放超过 75 g CO_2/吨水,占到总碳排放量的 13% 以上。

表 6.4　典型污水厂药剂碳排放当量

药剂	投量/($mg \cdot L^{-1}$)	当量碳排放/g	药剂碳排放当量/($g\ CO_2 \cdot g^{-1}$)
聚合氯化铝	22.9	37.098	1.62
次氯酸钠	23.2	32.48	1.4
乙酸钠	3.6	5.76	1.6
聚丙烯酰胺	0.003 9	0.009 75	25
总计		75.44	

我国各水厂药剂当量产生差异的主要原因包括脱氮过程碳源投加比例、除磷过程药剂投加量、消毒剂选择及投量等,大部分水厂脱水药剂所占比例极小,少部分污水厂补充一定的碱剂。目前国内一级 A 类出水标准的水厂中碳源投加比例持续上升,除磷药剂也有明显的增加,采用紫外线消毒的水厂没有药剂消耗但增加了能源消耗,预计平均增加 0.03 kW·h/吨水,

其当量碳排放率低于药剂法。根据 10 余座一级 A 类水厂的平均药剂使用情况进行分析,平均药剂当量碳排放为 86 g CO_2/吨水,其中大部分水厂均采用加药消毒,如图 6.9 所示。

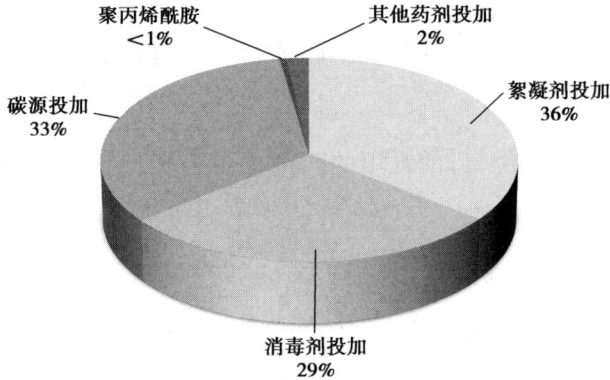

图 6.9 我国污水厂平均药耗碳排放分布

从相关数据可知,药耗这一间接碳排放当量比重约占全部碳排放的 15%,同时药剂所产生的污泥仍会产生一定比例的碳排放,药剂运输过程中的碳排放可按照式(6.3)计算,但其数量较小。

$$CES_{cg} = (\sum_{i=1,j=1}^{n,l} M_{ys,i,j} \times L_{ys,i,j} \times EF_{cl,i})/Q \qquad (6.3)$$

式中各字符含义同前。

6.3 污泥处理和处置过程对碳排放的影响分析

污泥与污水处理存在紧密的关联,如上文所述,污泥实际上截留了部分 COD,不同的 COD 代谢方式对污泥的产量有很大影响,尽可能将碳源驱动实现污泥增殖对水厂实现碳中和意义重大。根据前文研究,理论上在进水 290 mg/L 时,87%的碳源都可以被回收,其中除保障大部分用于脱氮外,超过 1/3 碳源仍可截留在污泥中,如果进水 COD 增加,同时以污泥增殖为目标可以获取更大的截留率。郝晓地等认为污泥 COD 截留率与水厂碳中和存在着明显的关联,如图 6.10 所示。

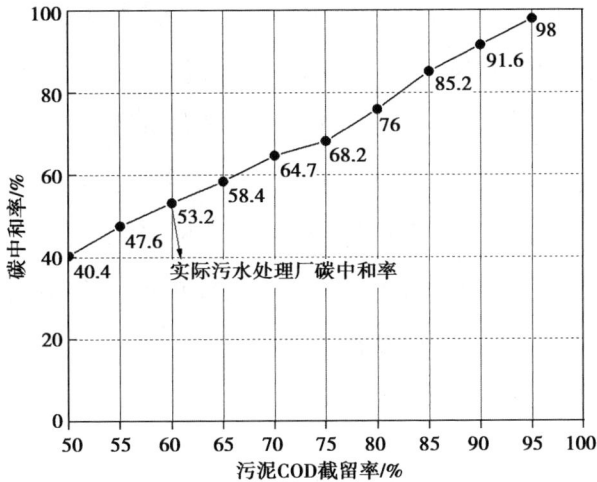

图 6.10 污泥 COD 截留率与水厂碳中和关系图

从低碳视角来看,过往大量针对污泥减量的工作并不经济,但污泥增殖也并非单向有益于降碳,因为虽然增加剩余污泥并通过热电联产可以提高生物质能产率,但是污泥处理和处置本身也会带来间接碳排放,因此两者存在平衡。

以目前我国 80% 含水率计,污水厂平均产泥率为 0.3‰ ~ 0.8‰,典型水厂实际产泥率约为 0.8‰,则每万吨水干泥量约 1.6 t,预计 1/3 左右有机物进入到污泥中,进入消化池的污泥含水率按 96.7% 计算,则污泥量约为 48 t,预计污泥中有机质含量约为 20.32 kg/m³(根据吨水 92 mg/LCOD 转移进入污泥中,并按照 C∶N∶P = 100∶5∶1 核算),因此有机质比率约为 61.6%,实际可代谢碳源物质为 19.17 kg/m³。以中温消化 20 d 计,一般污泥中有机物降解率为 40% ~ 50%,按上限 50% 计算,实际去除碳源有机物也仅为 9.59 kg/m³,按照相应机理计算,每去除 1gCOD 当量会产生 0.35 L 甲烷,则每万吨水理论上将产生 161.1 m³ 甲烷。按实际沼气中甲烷占比为 54.5% 计算,预计产生 295.6 m³ 沼气,每 1 m³ 沼气相当于 1 kg 无烟煤或 0.7 L 汽油,预计每 1 m³ 甲烷采用压燃双燃料发动机可发电 3.7 kW·h,剩余可作为热量回收,则最大发电量约为 596 kW·h,这仅相当于不足 0.06 kW·h/吨水,或相当于 74.5 kW·h/吨污泥(含水率 80%),产生 73.1 kg/t 的碳汇,这仅相当于水厂用电量的 18%。如不考虑脱氮过程碳源消耗,将可回收的 252 mg/L碳源全部用于生产沼气,理论上也仅能满足 0.163 kW·h/m³,占水厂用电负荷的 50%,因此在过低的进水 COD 下多产泥是有极限的。前文提到的回收 50%污水系统中的碳源是更为合理的,除保证现有脱氮外预计能转化生物能的有机质约吨水 210 mg/L,将由此可产生 0.136 kW·h/吨水的能量,可实现水厂能源 42%的覆盖,同时这部分生物质能源折算后每吨含水率 80%的污泥将产生约 133.5 kg 碳汇。

与此同时,污泥处理和处置对污水厂碳排放影响巨大。在污泥处理过程中,除药剂和能源消耗外,目前产生的废液多回流至前端处理工艺,即污染物始终在循环处理,这部分碳排放并没有随着污泥的处置而迁移,因此并不用计量其排放碳排放。污泥浓缩、脱水过程整体单排并不高,其每吨含水率 80%污泥电耗约为 18.75 kW·h,当量碳排放仅为 14.72 kg/t,即使在典型机械脱水多次提升的情况下,也仅有约 24.2 kg/t,药剂消耗则几乎可以忽略。目前污泥处理标准日益严格,深度脱水等需求使得部分地区出厂污泥在传统含水率为 80%的基础上进一步降低到 60%,这极大地提升了污泥处理的碳排放。以高压板框污泥深度脱水为例,每吨含水率 80%的污泥将至少需要 120 kW·h 的能量消耗,仅电费一项就相当于超过 95 kg 碳排放,另外还要增加大量的药剂碳排放。以典型情况为例,污泥增量是以污泥中有机质成分增加而实现的,这种碳汇的提升是比较明显的,但后续即使采用新式的高压带式脱水继续深度脱水(能耗低至 125 kW·h/tDS),加之药剂碳排放,则总碳排放接近 58.5 kg/t,这意味着只有选择碳排放低于58.5 kg/t,或折算为当量污水碳排放不超过 57.4 g CO_2/m³ 的工艺才能保证不产生额外碳排放。

在污泥处置过程中,不同的处置路径对其全生命周期碳排放影响巨大,每吨干污泥甚至可以形成自身质量 0.7 ~ 1.8 倍的当量碳排放。截至 2019 年,中国主流的污泥处理技术为焚烧、好氧堆肥、热水解、厌氧消化、深度脱水和干化,处理能力分别为 28 052 t/d、11 803 t/d、7 278 t/d、6 130 t/d、4 730 t/d 和 2 140 t/d。全国年污泥产量为 3 923 万 t(含水率 80%),污泥处置总量为 3 905 万 t,处置比例达到了 99.53%,土地利用占污泥处置量的 29.24%,焚烧占总处置量的 26.69%,卫生填埋占总处置量的 20.10%,建材利用占总处置量的 15.88%。

由于整个处置过程链条相对复杂,使用 LCA 的分析可以对不同污泥处理处置路径碳排放进行量化。Mayer 等人利用 LCA 评估消化污泥后处理环节的环境影响,认为"消化+污泥"直接土地利用综合环境影响最低,而后续热处理(焚烧、水热炭化、热解)工艺可以减少污泥运输带来的环境负担并提高污泥中磷资源的回收率。本研究根据 IPCC 规则研究选取好氧堆肥、卫生填埋、焚烧等路线进行了深度比较。

研究表明,从净碳排放量角度分析,"干化—焚烧"的碳排放相对较低,全过程净碳排放量略超过 1 000 kgCO$_2$/tDS,主要碳排放方式是能量源碳排放,污泥含水率高则其焚烧过程补充能量不可避免的。虽然从热量平衡的角度来看,未经深度脱水的污泥直接进行"干化—焚烧"难以实现热量自持,必须要外加热源,但考虑整个污泥处理全链条的能量输入情况,是可以通过新能源替代降低能源碳排放的,这一技术路线具有降低碳排放的潜力。"深度脱水—干化—焚烧"技术路线净碳排放量较高,污泥深度脱水至含水率 60%,这一过程能源消耗很大,目前最为常用的高压板框相当于要增加 600 kW·h/tDS,按照电网当量碳排放相当于 471 kg CO$_2$/tDS。在热平衡计算中,污泥焚烧过程可以减少大量燃料消耗,但从处理全链条的角度分析,深度脱水需要添加大量药剂,其当量碳排放往往比直接"干化—焚烧"高 30%。但需要说明的是,目前新型深度脱水技术的改进,大大减轻了脱水过程的药耗和能耗,理论上可以降低 60% 的脱水过程碳排放,按照这一数值估算未来

"深度脱水—干化—焚烧"技术路线,可实现全过程净碳排放小于 750 kg CO$_2$/tDS。"厌氧消化—深度脱水—干化—焚烧"路线是通过污泥减量减轻以及后续处理流程的能量消耗,并利用厌氧消化进行沼气利用,通过发电、产热获得碳汇,抵消部分碳排放量。但考虑到我国市政污泥有机质含量偏低,污泥单独厌氧消化,沼气产量很难覆盖这一路径中的能源消耗,整个过程中碳排放的关键仍然在于干化环节。如前文所述,通过较为合理的技术,仅以典型水厂的进水核算,可控制污泥碳排放低于 450 kg CO$_2$/tDS。如仍采用传统干化方式,不能有效利用碳源,则其碳排放当量甚至高于 1 100 kg CO$_2$/tDS。

数据表明,焚烧路线一般仍要产生大量的碳排放,如图 6.11 所示,折算成 80% 含水率的污泥,其仍将增加 90~280 kg CO$_2$/tDS。如果以这一数值来看污泥增量并不能获得实际碳汇。在填埋中直接碳排放可按照式(6.4)计算。

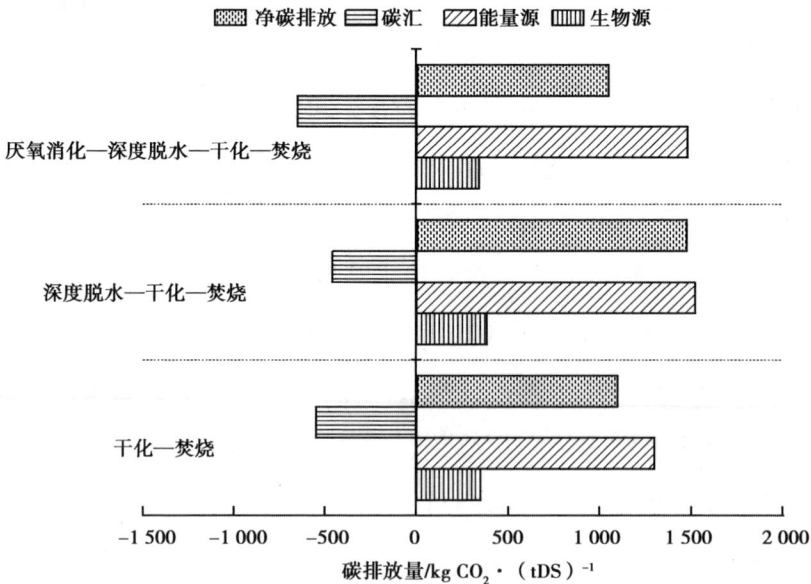

图 6.11 污泥焚烧路线碳排放汇总图

$$E_{\text{LF},CO_2} = M_{脱水} \times TS \times DOC \times DOC_f \times MCF \times F_{\text{LF}} \times (1 - OX) \times$$

$$(1 - MCR) \times \frac{16}{12} \times GWP_{CH_4} \tag{6.4}$$

式中　E_{LF,CO_2}——污泥填埋的碳排放，kg；

　　　$M_{脱水}$——脱水污泥质量，1 t；

　　　TS——污泥含固率，取 20%；

　　　DOC——有机质中可降解有机碳的比例，IPCC 推荐为取干污泥的

　　　　　　　40%～50%，但实际差异较大；

　　　DOC_f——实际分解的 DOC 比例，IPCC 推荐缺省值 0.5；

　　　MCF——甲烷修正因子，IPCC 推荐的厌氧填埋场取 1.0；

　　　F_{LF}——填埋气中甲烷的比例，一般为 0.5；

　　　OX——甲烷氧化因子，可忽略；

　　　MCR——甲烷捕集率，对于开放的填埋场，可不计。

根据式(6.4)可以看出，如增加甲烷捕集率，通过厌氧消化尽可能降低污泥中有机碳比例是可以有效降低填埋过程中碳排放的。

污泥好氧堆肥碳排放量与污泥有机质含量、堆肥条件等因素有关。好氧堆肥会产生局部厌氧造成 CH_4 泄漏，此部分产生的碳排放量可按照式(6.5)计算。

$$E_{\text{AC},CO_2} = M_{脱水} \times E_{\text{AC},CO_2} \times GWP_{CH_4} \tag{6.5}$$

式中　E_{AC,CH_4}——污泥好氧堆肥 CH_4 排放量，一般为 0.01～0.38 kg/t，典型值

　　　　　　　取 0.2 kg/t；

土地利用过程要考虑污泥无害化处理后，在全生命周期内存在 CH_4 和 N_2O 释放，其计算公式如式(6.6)所示。

$$E_{\text{LU},CO_2} = MLU \times (E_{\text{LU},CH_4} \times GWP_{CH_4} + E_{\text{LU},N_2O} \times GWP_{N_2O}) \tag{6.6}$$

式中　E_{LU,CH_4}——污泥土地利用 CH_4 释放量，典型值取 0.02 kg/tDS；

E_{LU,N_2O}——污泥土地利用 N_2O 释放量,典型值取 0.001 1 kg/tDS。

厌氧消化过程中碳排放与沼气泄漏关联巨大,污泥厌氧消化产生的甲烷泄漏部分产生的碳排放量如式(6.7)所示。

$$E_{AD,CO_2} = M_{调质} \times TS \times k_1 \times F_{AD} \times \varphi_1 \times \frac{16}{22.4} \times GWP_{CH_4} \qquad (6.7)$$

式中　$M_{调质}$——厌氧消化调质污泥质量;

k_1——污泥沼气产率;

F_{AD}——沼气中甲烷浓度,一般为 60%;

φ_1——甲烷泄漏率,一般为 2%~5%,取平均值为 3.5%,典型污水厂可低至 1%。

污泥处置间接碳排放可依据表 6.5 进行核算。

表 6.5　污泥处置间接碳排放

路径		参数	备注
深度脱水	电耗	125 kW·h/tDS	高压带式脱水至含水率60%
	PAM 投加比例	0.15%	
填埋	油耗	21 kg/tDS	
干化	热耗	2 880~3 558 kJ/kgH₂O	干化至含水率30%
	电耗	0.05~0.2 kW·h/kgH₂O	
	干化机热效率辅助	取低值80%	
焚烧	燃料(天然气)消耗量	4.5~20 m³/tDS	
	焚烧炉电耗	300 kW·h/tDS	
	水泥窑电耗	250 kW·h/tDS	
	燃煤电厂电耗	150 kW·h/tDS	
	供电煤耗	295 g·kW/h	
烟气处理	NaOH 投加量	17.86 kg/tDS	处理量占固体残留物90%

续表

路径		参数	备注
热解	热耗		$C_1 \times (t_{PY} - t_S)$
	电耗	$200 \sim 550$ kW·h/tDS	
好氧堆肥	电耗	$40 \sim 80$ kW·h/t 脱水污泥	
热水解	加热热耗		$C_2 \times (T_2 - T_1)$
	电耗	50 kW·h/tDS	
消化厌氧	沼气泄漏率	$2\% \sim 5\%$	
	加热热耗		$C_3 \times (T_3 - T_1)$
	保温热耗		$\sum A \times \lambda \times (T_3 - T_A) \times 1.2$
机械脱水	锅炉热效率	84%	流化床锅炉
	电耗	50 kW·h/tDS	
	消化污泥脱水电耗	50 kW·h/tDS	脱水至含水率 60%
	FeCl$_3$ 投加量	30 kg/tDS	
	CaO 投加量	50 kg/tDS	
湿式空气氧化	设备电耗	21 kW·h/t 调质污泥	
	加热天然气消耗量	$19.5 \sim 23.4$ Nm^3/t	
	固渣干燥电耗	23 kW·h/t 调质污泥	
污水处理	深度脱水污水 COD	800 mg/L	
	堆肥污水 COD	$2\,000 \sim 6\,000$ mg/L	含水率降低至 40%
	干化污水 COD	$2\,000$ mg/L	
	污泥消化液 COD	900 mg/L	
	湿式氧化污水	$10\,000$ mg/L	

　　实际上,各种计算的关键在于污泥本身的性质,不同污泥有机质含量下,其在不同工艺路线中的碳排放差异巨大。王琳等具体分析了不同有机质下的污泥处置路径对比。研究发现,对于有机质含量为 40% ~ 50% 的脱水

污泥,污泥处理净碳排放强度为填埋>焚烧>热解>厌氧消化>好氧堆肥>湿式空气氧化,而对于有机质含量为60%~70%以上的脱水污泥,净碳排放排序则变为填埋>焚烧>热解>好氧堆肥>湿式空气氧化>厌氧消化。无论有机质含量高低,填埋都属于高水平碳排放工艺,干化—焚烧、好氧堆肥和污泥热解属于中—低水平碳排放工艺,而湿式空气氧化和厌氧消化属于低—负水平碳排放工艺,如图6.12所示。

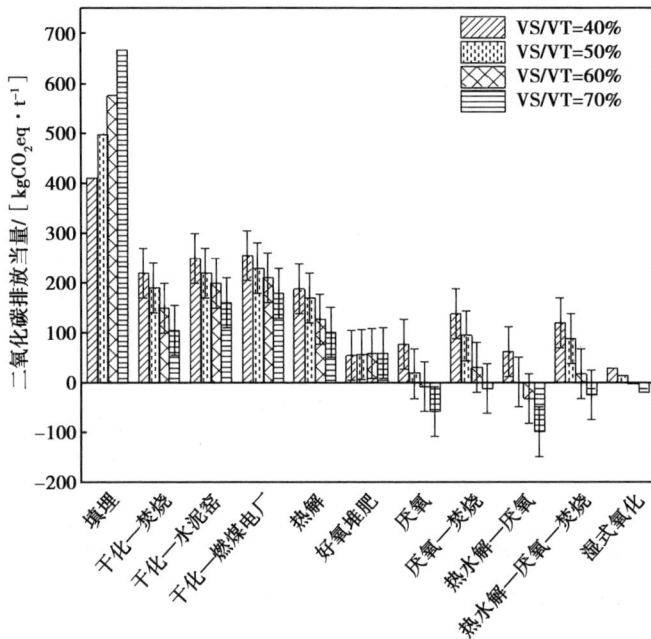

图6.12 污泥有机质含量(40%~70%)对不同污泥处理处置路径碳排放影响

我国现有污泥填埋场多为厌氧填埋场,缺乏专门的废气收集系统,致使大量温室气体无组织泄漏,这是导致污泥填埋净碳排放最大的主因。而在污泥处理间接排放组成中,能源消耗(包括电耗、热量消耗、油耗、天然气消耗等)占比最大,其次是药剂消耗,这些因素已经占污泥处理处置总碳排放的90%以上。

与污泥焚烧路径类似,热解路径中污泥的化学能可被充分利用,用于发电、提供热能来抵消一部分碳排放。随着污泥有机质含量增大,有机质利用可抵消碳排放比例也增大,但干化环节需要消耗大量的电力、药剂和热量,这也是其碳排放升高的主要原因。近年来对水厂低温余热的应用将极大节省相应消耗,低温热解等技术在充分利用水厂热能的基础上可以实现降低相应碳排放。

　　污泥好氧堆肥路径中,翻堆等环节需要的电耗是碳排放的主要来源,由于堆肥后的腐熟物氮元素含量高,可替代化肥回归土地并产生碳汇。根据计算结果推算,该路径属于低水平碳排放工艺。厌氧消化是典型的碳汇技术,但厌氧消化并不能完整替代整个污泥处置流程,因此无论厌氧消化后面衔接何种工艺实际上都会产生二次碳排放的增加。厌氧消化中尽可能提升投配前污泥有机物含量,提升消化效率降低后续有机质含量,提升温室气体的收集降低泄漏率,后续通过热替代降低干化过程能耗等是保证污泥处置由碳排放转换为碳汇的关键。从碳封存的视角来看污泥中的碳源物质,未来如能利用其他技术以确保污泥中的碳稳定而不释放,则将间接成为一种CCUS 技术,以污泥中可分解碳比例 26% 的有机物计算,其固碳能力也是非常可观的。

　　根据综合测算,以污泥有机质含量 60%、污泥产量 0.6‰测算,污泥处置过程通过不同的路径折算成吨水碳排放消耗如图 6.13 所示。可以看出,有无厌氧消化对碳排放影响巨大,工艺路线中是否有消化导致碳排放差为 55～170 g/m³。相对于堆肥而言,焚烧和填埋造成的碳排放较大,填埋的关键在于是否对后续温室气体进行收集。根据加权平均测算,我国目前污泥处理和处置的碳排放超过 125 g/m³,折减部分与浓缩脱水用电重叠部分预计仍需要 105 g/m³。

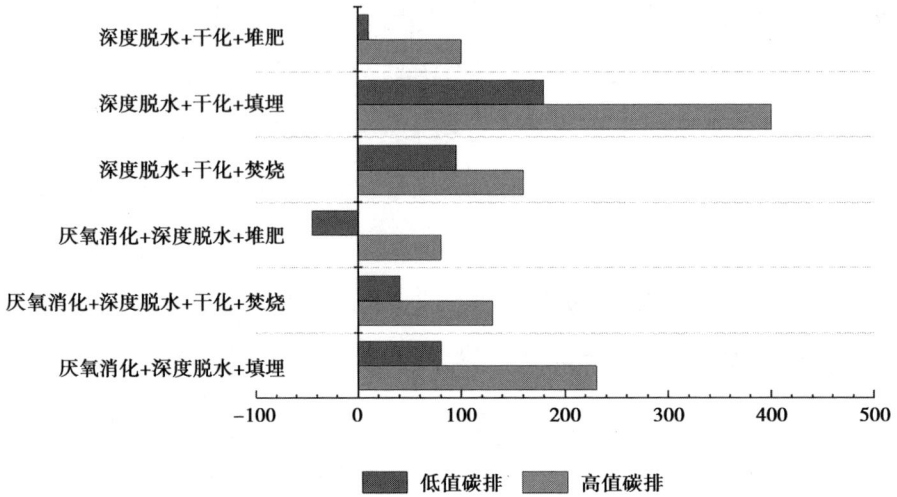

图 6.13 我国常用污泥处理路径平均碳排放图

第7章

污水厂降碳潜力分析

　　根据前述数据,我国污水处理厂整体碳排放强度是非常大的,一般为 $0.55\sim0.6\ kg\ CO_2/m^3$,其中一级 B 类较低,而一级 A 类标准约为 $0.6\ kg\ CO_2/m^3$。我国污水厂目前间接碳排放更大,高于直接碳排放,其中能源消耗的比例是最高的,根据调研情况计算出我国水厂平均碳排放分布,如图7.1所示。根据计算,碳排放总量接近 $690\ g\ CO_2/m^3$,但考虑到我国部分污泥处置并不在污水厂内发生而通过单独的污泥处置厂来完成,部分药剂能耗并不在水厂边界内,实际计算中折减部分污泥处置部分碳排放均值约为 40%。此外,部分水厂通过光伏、热电联产、中水回用等方式实现了部分能源自给和碳汇,虽然总量较低,但预测平均约有 8% 的折减,由此计算出我国一级 A 类水厂平均碳排放约为 $592\ g\ CO_2/m^3$(不考虑出水全生命周期碳排放)。

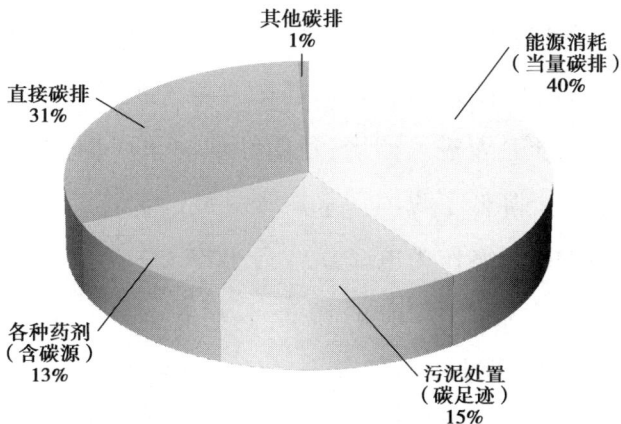

图 7.1　我国一级 A 类污水处理厂碳排放部分分布

7.1　污水厂直接碳排放降碳潜力分析

直接碳排放在污水厂总碳排放中占的比重也很重要,直接碳排放占总碳排放30%以上,折减碳汇后将超过实际碳排放35%,但各水厂差异巨大,对于部分甲烷泄漏或脱氮碳排放较多的水厂,其直接碳排放甚至远超间接碳排放,直接碳排放成为污水厂碳排放的主因(部分以短程硝化为主的污水厂仅 N_2O 碳排放就达 $800\ g\ CO_2/m^3$)。直接碳排放与工艺路线关系明显,各种工艺的直接碳排放都有较大差别。根据前文所述,污水厂对碳源的利用方式会导致 CO_2 变化,但考虑到市政水厂中 CO_2 并不被 IPCC 计入整体社会碳排放中,因此实际上真正影响污水厂碳排放的是脱氮过程中 N_2O 的释放、甲烷逃逸以及少量工业废水或投加碳源所产生的 CO_2 排放。

N_2O 的释放占比往往是最大的,一般占到直接碳排放的40%~80%,个别碳氮比低的工艺甚至可达90%,而且相关研究发现不同工艺的水厂、不同运行模式下 N_2O 的碳排放具有很大的不确定性。图7.2所示是波兰部分水厂 N_2O 的碳排放不确定分析结果。甲烷泄漏也是导致直接碳排放增加的原因,其中厌氧反应时间过长且无废气收集系统、二级消化不回收沼气而使用火炬燃烧器等会大幅度提升甲烷排放量,部分体系甲烷泄漏量可以高达5%,造成极大的直接碳排放。工业废水比例在我国极难界定,随着大部分工业企业进入园区,目前默认污水厂生化过程 CO_2 不被核定,这在一定程度上降低了我国污水厂碳排放的计算值,但脱氮过程投加的碳源增加的 COD 最终作为电子供体后多以 CO_2 形式释放,这部分碳排放并不能被忽略。根据目前的碳源平均投加量,这一数值可高达 $18.5\ g\ CO_2/m^3$ (考虑超过理论值部分60%通过污泥代谢形成污泥增值)。碳源部分造成的碳排放理论上可通过降低碳源投放量得以大幅度减少,根据前文计算,碳源投加量由 $18.6\ mg/L$ 降低至 $7.5\ mg/L$ 时,这部分碳排

放可以降低至 $7.5 \text{ g CO}_2/\text{m}^3$。

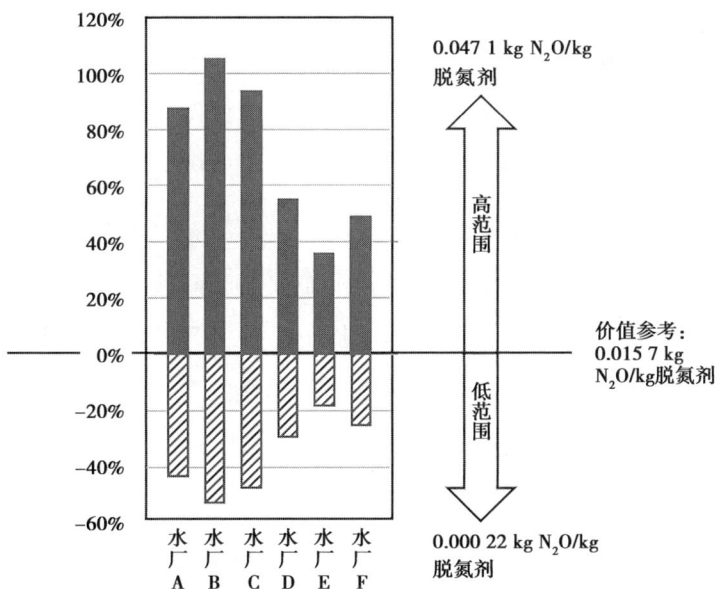

图 7.2 波兰 6 座水厂 N_2O 的碳排放不确定性分析

由图 6.5 可以发现,脱氮路径和运行参数的选择对 N_2O 的碳排放影响巨大,厌氧氨氧化和传统硝化反硝化具有最低的碳排放产生,但目前主流厌氧氨氧化方兴未艾。虽然西安第四污水厂证明 30% 的脱氮是厌氧氨氧化完成的,但是目前国内尚无稳定运行的主流厌氧氨氧化案例。侧流厌氧氨氧化更为适合,侧流是指污泥的浓缩水的液流,包括污泥重力浓缩的溢流液、脱水机滤液、污泥焚烧的洗涤水等。这种液流一般富含营养物、悬浮物、有机与无机物质等,满足高氨氮浓度的条件。城市污水处理厂中侧流水量通常很小,只占总水量的 1% 左右,但水质浓度很高,氨氮浓度通常可达 1 000 mg/L,高浓度的氨氮使得游离氨浓度也相对较高,可以抑制 Nob。我国目前很多污水厂主要侧流废液来自浓缩脱水过程,这部分氮占水厂总氮含量的 8%~18%,保守预估为 12.5%,因此如果有 1/8 的氮可以通过厌氧氨氧化加以处理,理论上如果选择较好的厌氧氨氧化工艺可以使得 N_2O 的转化率低至 0.4%,实际上结合相关数据的分析,通过优化工艺参数、收集和处理部分废气,侧流厌氧氨氧化实现 0.5% 的转化率是可以保证的。

在主流工艺方面,目前仍存在一定的争议,部分研究认为短程硝化能耗、碳源消耗较低,通过必要的溶解氧控制和参数优化可以实现一定程度的降碳。实际上,全程硝化中,氧化 1 份氨氮需 2 份氧气;而短程硝化中,氧化 1 份氨氮只需 1.5 份氧气,所以短程硝化可节约 25% 的曝气量(0.5/2)。全程反硝化中,还原 6 份 NO_3^- 需要 5 份有机碳源,而短程硝化中,还原 6 份 NO_2^- 只需要 3 份有机碳源,因此短程反硝化可节约 40% 的有机碳源。但短程硝化由于 NO_2^- 积累导致 N_2O 排放潜能是全程硝化的 2~5 倍,由此将增加 140~550 g CO_2/m^3 的当量碳排放,而实际节省的能耗和碳源的当量碳排放不会超过 90 g CO_2/m^3,从低碳角度而言,这是非常不划算的。

传统硝化反硝化工艺理论上可以实现碳转化率低至 0.03%,目前我国水厂基本以传统硝化反硝化为主,平均 N_2O 转化率为 1.4%,这与碳源不足和溶解氧控制有关。未来从水系统中回收碳源补充反硝化过程以及通过精确曝气优化不完全硝化问题可以降低 N_2O 转化率 35% 以上,预计达 0.91% 左右。考虑侧流厌氧氨氧化部分加权计算未来水厂脱氮过程 N_2O 转化率可达到 0.85% 以下。

甲烷及其他碳排放温室气体泄漏的碳排放约为 43.5 gCO_2/m^3。根据测算,其中污泥处理及处置部分可提升 90% 的回收率,而厂区温室气体部分也可提升 65% 以上回收率,预计为 10.2 g CO_2/m^3。由此可计算出未来水厂直接碳排放最低可至 109 g CO_2/m^3,比现有直接排放下降 49.3%,如图 7.3 所示。与此同时,不同工艺类型的极限值也有一定的差异:AB 法由于其汇集碳源能力更强,其投加碳源更少,温室气体泄漏也更少,实际碳排放潜力甚至可低至 100 g CO_2/m^3 以下;AAO 等工艺对碳源要求高,温室气体泄漏也较多,但 N_2O 转化率较低;而 SBR 类诸如 CASS 等工艺碳源投量高,N_2O 转化率也相对较高,其直接碳排放要高于均值 18%。以氮平均去除 27.2 mg/L

计算,对应直接碳排放可降低至 91.3 g CO_2/m^3。

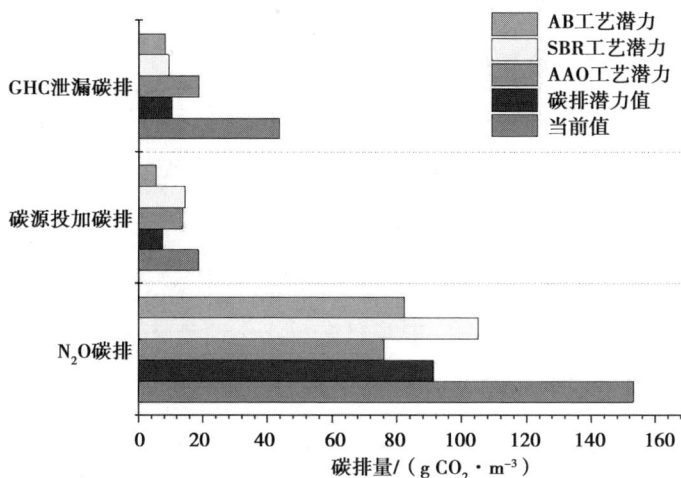

图 7.3 各工艺碳排放潜力分析

7.2 污水厂间接碳排放降碳潜力分析

污水处理过程中,无论是直接碳排放还是间接碳排放,都有较大的降碳潜力,本节将从能耗、直接碳排放控制、药耗等方面探讨污水处理过程降碳的潜力。理论上,污水能耗可以实现完全自给甚至可以出现剩余,国外部分能源自给率超过100%的水厂已经验证了这一理论。其核心在于生物质能的充分应用,我国污水进水 COD 相对较低,很难依靠自有碳源实现能源自给,但部分新概念水厂已经开始通过与餐厨垃圾等相结合提升生物质能产率和能源自给率。与此同时,太阳能的应用也已经成为补充水厂能源的重要因素,仅 2021 年就有 50 余家污水厂进行光伏改造,部分水厂借助光伏能实现高达 30%的能源自给率。污水厂降低电耗主要依靠生物质能提升、光伏补充以及节能降耗 3 个方面才能综合实现,而且考虑到光伏等能源的存储难度,水厂能源自给率需保证一定的余量才能真正实现能耗的零碳。

其中关键的问题是明确污水厂节能降耗的极限在哪里,目前典型污水厂的气水比已达到 3.3:1(实际进水 COD 约为 290 mg/L,预计达 400 mg/L 时气水比为 3.8:1),接近理论下限值。水厂使用的单极离心高速风机效率高,其吨水曝气消耗约 0.123 kW·h 的电(按 COD = 400 mg/L 计),这部分已经较传统水厂(目前平均曝气比为 7:1,采用罗茨或多级风机)节省 44% 左右,而国内均值约为 0.22 kW·h/吨水,这与精确曝气的实施关系巨大。考虑未来水厂可采用悬浮型风机等小幅度提升风机效率,同时通过高负荷工艺提升溶解氧利用效率并进一步降低气水比,预计未来曝气极限消耗应在 0.1 kW·h/吨水(不考虑深井曝气等工艺)。此外,取消二次提升,通过更换永磁电机提升水泵效率等方式可使能耗降低 10% 至 0.063 kW·h/吨水。

除曝气过程能耗,在生化工艺中搅拌和内回流所占能耗也是比较大的。一般而言,厌氧区和缺氧区平均搅拌能量消耗为 2~8 W/m³,目前均值约为 6 W/m³,考虑到厌氧区和缺氧区一般停留时间约为 4 h,相当于 1.5 W/吨水。过长的水力停留时间和过低的负荷必然导致这部分能耗的增加,这部分能耗完全可降低 60%,预计可低至 3 W/m³。而内、外回流能耗就要大很多,比如按内回流比 350%、扬程 1.2 m 左右计算(均值),实际吨水内回流能耗约为 0.025 kW·h/吨水;外回流按 80% 计算,扬程 2.5 m,预计外回流能耗为 0.008 kW·h/吨水,若采用分段回收碳源并优化脱氮模式可以极大地降低内回流比例,同时多段工艺也会降低一部分外回流比例,预计这部分能耗(合计约 0.033 kW·h/吨水)可降低 50% 以上,预计极限数值约为 0.016 kW·h/吨水。

污泥处理部分能耗包含污泥提升、螺杆泵、污泥脱水机等,约 0.015 kW·h/吨水(如采用带式机还应考虑冲洗水,包括部分栅渣)。未来深度脱水是污泥处理中不可或缺的部分,而且未来污泥有增多的趋势(按 0.8‰ 上限取值),实际上这部分能耗非但不能降低还可能进一步增加至 0.033 kW·h/吨水,这已经是考虑到采用高压带机等较为节能的工艺进行的核算。其余部分节能潜力有限,仍按照 0.01 kW·h 计算(包括各种刮吸泥机、格栅、加药系统、照明等)。从低碳角度来看,未来水厂采用紫外消毒更为有效,因此这部分能耗也将增加至约 0.023 kW·h/吨水。因此核算未来低碳污水厂能耗极限约为 0.238 kW·h/t,以电网碳排放[取 0.786 CO_2/(kW·h),下同]当量计算约 186.8 g CO_2/m^3,其相对关系如图 7.4 所示。

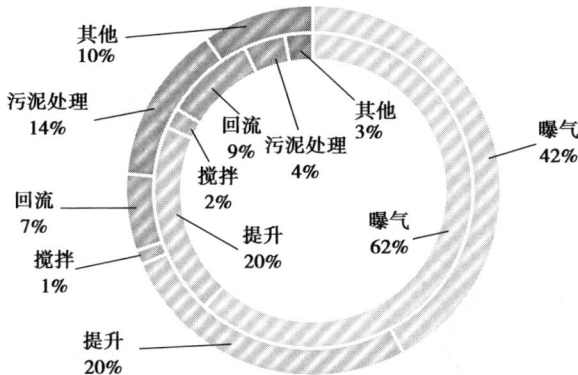

图 7.4　我国污水厂节能前后碳排放占比分析

药剂碳排放在未来低碳水厂建设中也有较大的节省空间,根据图 5.11 所示,药剂碳排放中占比最大的氧化消毒剂部分将会被紫外线等替代,其碳排放也将大幅度降低,但部分有折点加氯或高级氧化需求的水厂仍将保留部分氧化剂,预计其整体投加量有 80% 的下降空间,预计未来吨水平均消毒剂投量约为 3.2 mg/L。碳源部分将随着污水厂甚至水系统内碳源挖掘被大部分替代,同时在未来 5~10 年内诸如无机脱氮、主流厌氧氨氧化的兴起也将大幅度替代碳源药剂投加。不可否认的是,短时间内投加碳源脱氮仍将是水厂解决进水 C/N 比失衡的重要方法,但预计有 60% 的碳源节省空间,预计未来吨水碳源平均投量可控制在 7.5 mg/L。絮凝剂作为除磷药剂和提升出水浊度的药剂可节省的空间有限,预计仅有 15%,预计吨水投量可降低至 16.8 mg/L。而随着深度脱水的要求不断提升,聚丙烯酰胺将增长数倍,但其总量仍然较低,其他水厂药剂如深度脱水中的石灰、部分碱剂等也会有不同程度的增长,但总的药剂碳排放可降低至47.6 g CO$_2$/m^3,较现有值下降45%左右,如图7.5所示。

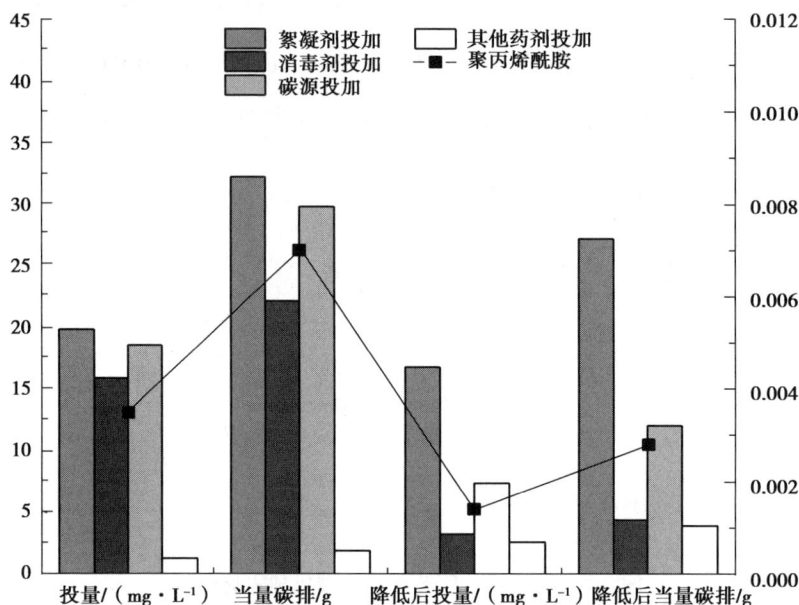

图7.5 我国水厂药剂降碳前后对比

7.3 污泥处理过程降碳潜力分析

目前污水厂污泥处置占比仅为水厂总碳排放的15%,折减碳汇后占比约为17.7%,但实际上污泥处置碳排放更大,目前吨水超过125 g CO$_2$/m^3,但由于部分碳排放被转嫁到污泥厂中,因此并未计入污水厂总碳排放中。

根据前文所述,污水厂污泥处置的碳排放与其工艺路线关联极大,厌氧消化被认为是产生碳汇的关键,同时深度脱水、干化、焚烧、填埋等不同程度上增加了碳排放。根据我国现行规定,污泥堆肥还田受到了极大的限制,填埋含水率要求日益严格,加之近几年很多污泥焚烧厂的建设,未来污泥焚烧比重增加趋势明显,这对整个污泥处置格局产生了深刻的影响。从降碳的角度来说,传统的填埋工艺是最为不合理的,究其原因在于缺乏温室气体的持续收集,造成全生命周期内的温室气体释放,在高有机质条件下甚至可超过 500 g CO_2/m^3。近几年我国已经逐步淘汰 80% 含水率污泥直接填埋,理论上如能够实现温室气体收集,填埋过程碳排放可以降低 90% 以上,但目前我国填埋场情况大规模收集显然并不现实。焚烧工艺的难点在于含水率,这与前端深度脱水和干化存在复杂的联系,理论上深度脱水和干化越充分,后续焚烧热值越高,越容易实现自持,但深度脱水和干化本身也产生大量的间接能量碳排放。此外,投加大量石灰等药剂不但会产生间接碳排放,而且也并没有增加热值以改善后续焚烧。与填埋不同的是,焚烧过程有机质含量高的污泥热值更高,其总碳排放越低。相关研究表明,无论是干化焚烧还是深度脱水干化焚烧,都会产生大量的碳排放,预期值为 60~180 g CO_2/m^3,而堆肥过程理论上最低可至 30 g CO_2/m^3,但加上药剂和深度脱水等环节,其均值将略高于 50 g CO_2/m^3。另外,堆肥将产生 2%~4% 自身重量的渗滤液(均值为 3%),渗滤液中 COD 将达 20 000 mg/L 以上,C/N 一般为(20~35):1,C/P 一般为(75~150):1,可以返回污水处理厂补充脱氮碳源。以我国污泥深度脱水至含水率 60% 污泥合占处理水量 0.3‰ 测算,这部分碳源预计仅占全部碳源的 0.65‰ 左右,因此效能并不明显。

　　未来将有更多的有机质驱动进入污泥中,一部分经过碳源释放补充脱氮,另一部分实现生物质增量,那么增加的污泥是否会带来额外的碳排放就成为问题的关键。以我国水厂平均进水 COD 大约为 310 mg/L 为例,即使考虑 87% 的碳获得应用约 267 mg/L,其中 136 mg/L 的碳用于脱氮,预计有 31 mg/L 的碳出水或流失,则实际剩余进入污泥中的碳源为 110 mg/L(同时考虑氮磷占有机成分 6%),按照现有污泥上线含水率 0.6‰ 测算,如果未经消化,则我国含水率 80% 污泥中干污泥有机质含量可超过 97%。但高有机质污泥脱水相对困难,加之药剂投加等因素,实际污泥有机质会有一定比例的降低,而且如有机质增多后,污泥量也可能随之增大,最终的污泥量可能增殖到0.8‰这一上限值,相对应的有机物含量将略大于70%。实际上,水中有机物增加后,厌氧过程能够降解的比例也越大,我国目前污水厂污泥中有机物含量低,厌氧消化产气量不足的根本原因就在于进入污泥中的有机物太少,这一点在充分回收水系统中的有机物后可以得到一定程度的改善。

由于我国实际污水处理中大部分碳都被过量曝气消耗,虽然投加了大量的碳源,但未经消化的污泥平均有机质比率一般都低于50%,预计实际仅有不足40%,而根据相关资料,部分消化后的部分水厂有机质含量甚至低于20%。由此可知,将污水中碳源驱动进入污泥中并不一定会明显增加干污泥的总量,更有可能是增加污泥中有机物的含量,特别是在前端有厌氧消化的情况下,干污泥总量几乎不会增加,因此并不需要过分担心污泥增量所带来的碳排放。

厌氧消化是在污泥处置环节产生碳汇的关键,目前国内99%以上的消化设施均为中温消化。中温消化需要的自持温度低,较为适合国内水厂,但未来污水厂中的低品位热能会呈现较大的增长(主要在于热电联产比例的提升以及热泵技术的应用),采用第一级高温消化余温驱动第二级中温消化成为可能。假设未来水厂有110 mg/L的碳源物质进入污泥中,根据污泥消化效率计算,消化过程污泥有机物分解率为55%,则以80%含水率污泥产量0.6‰计算,干污泥有机物含量将略小于43%,这将不会产生污泥增量。根据计算,在0.6‰的含水率80%污泥的情况下,按消化池进泥含水率为97%计算,污泥量约为40 t/万 t。假设110 mg/L转移到污泥中,同时考虑氮磷比例,预计有29.15 kg/m³有机质进入到污泥中,则预计可去除碳源有机物15.13 kg/m³,每去除1 gCOD当量会产生0.35 L甲烷,则每万吨水理论上将产生211.8 m³甲烷。预计每1 m³甲烷采用压燃双燃料发动机可发电3.7 kW·h,剩余可作为热量回收,则最大发电量约为783.7 kW·h,相当于0.078 4 kW·h/吨水。根据现有污水厂能源消费情况,这部分相当于0.355 kW·h/吨水能耗的22%,而根据前文对低碳水厂的核算,这部分能耗可占未来水厂能耗的 33%。

由此可见,在我国进水 COD 过低的情况下,脱氮和污泥生物质能对碳源存在着竞争关系。由于脱氮碳源投加当量大且还会产生直接碳排放,将碳源用于脱氮,其降碳作用更为合理。因此生物质能仅能利用残留的碳源,按照前文计算,其仅占总碳源的 1/3,因此从外界引入碳源提升生物质对水厂能源自给率是碳汇水厂的关键。根据前文论述,未来在污水系统中回收 50% 以上的碳源是完全可能的。实际上如部分消化粪池(或降低停留时间、对化粪池碳源进行水力释放)可以回收当量 90~120 mg/L 的碳源,同时释放管网中沉积碳源,至少可回收 30~45 mg/L 的碳源,预计二者平均可回收约 140 mg/L(总碳源回收率约 60%),这部分碳源将增加生物质能达 0.1 kW·h/吨水,加上原有废水剩余碳源产生的生物质能,则总生物质能可达 0.1784 kW·h/吨水,这已经占到污水厂理想能耗的 75%,考虑到其他新能源的利用,已经可以实现能源自给。但需要说明的是,释放碳源后水厂污泥量不可避免地要增加,预计水厂污泥量会提高 40%,污泥中有机物比例会提升至 70% 左右。

根据计算 80% 含水率污泥降低至 40%,这意味着污水处理工艺中污泥处理过程碳耗增加 5 g CO_2/m³,如果按照原有污泥处置需要 105 g CO_2/m³ 计算,降低至 40% 意味着污泥处置量的增大导致单位增加 42 g CO_2/m³。这是依靠现有均值计算的,而产生的碳汇将使得总体碳排放减少 78.5 g CO_2/m³,降碳效果明显,但污泥增量后意味着污水厂碳排放比例的变化,污泥部分总碳排放将达到 152 g CO_2/m³。

其中的关键是污泥处置部分碳排放的极限在哪里。据前文所述,对于有机质含量分别为 40%~50% 和 60%~70% 的污泥,其最佳碳排放处理路线存在着明显的差异,考虑到我国相关政策限制,由于出厂污泥含水率必须小于 60%,目前深度脱水仍是普遍的选择。根据之前计算深度脱水部分,即使采用能耗最低的高压带式,其能耗仍将达到 16.5 g CO_2/m³,加上药剂及污泥运输部分,预计平均碳排放将达到 20 g CO$_2$/m^3 以上。而根据图 7.6 可知,通过堆肥的后续增量最小的,预计仅需要 45~55 g CO$_2$/m^3,同时还能少量补充脱氮碳源,则污泥处置总碳排放将达到 72 g CO$_2$/m^3;干化焚烧路线预计需要 75~90 g CO$_2$/m^3,则污泥处置总碳排放将小于 102 g CO$_2$/m^3;干化建材路线根据建材种类差异预计需要 90~140 g CO$_2$/m^3,其中经过高温窑炉工艺的取上限,而低温粘结压块形成建材的取下限。由此计算出按照这一路线,污泥增量后处置总碳排放将远超目前碳排放;而填埋工艺理论碳排放更大,即使经过部分收集(收集率 70% 以上),它的碳排放仍是目前这些方案中最高的,很难成为未来污泥处置的优选路线。不同污泥处置路径降碳潜力对比如图 7.6 所示。

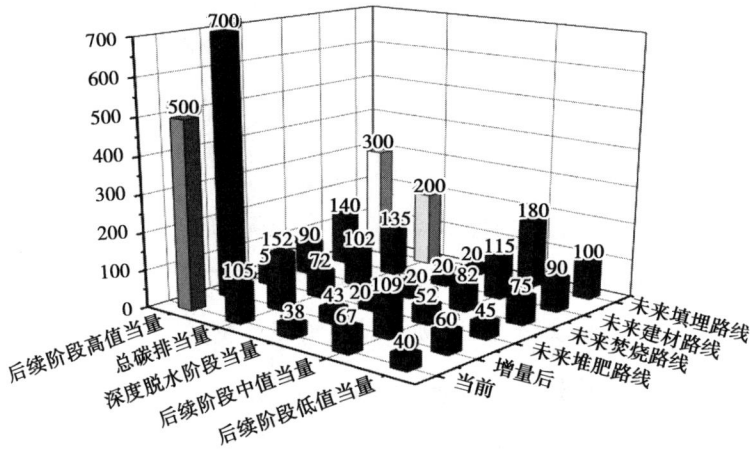

图 7.6 不同污泥处置路径降碳潜力对比

基于以上对比,结合我国实际情况未来干化焚烧和堆肥将成为主体,预计污泥增量后污泥处置碳排放平均可降低至 90 g CO$_2$/m^3,最低甚至可降低至 72 g CO$_2$/m^3,仅为原有污泥增量后碳排放的 60% 不到。同时必须说明的是,这一数值已经考虑在污水厂中进行完整的污泥处置而无须转移碳排放至污泥处理厂,因此以最低值 72 g CO$_2$/m^3 计算,其实际污泥处置碳排放有 50% 以上的降碳潜力。由此重新构建污水处理厂最佳碳排放分配比例,计算出未来污水厂降碳的潜力预计可低至约 435 g CO_2/m^3，较现有情况（690 g CO_2/m^3）下降 37%，这里面尚未考虑碳汇补偿，其分布情况如图 7.7 所示。

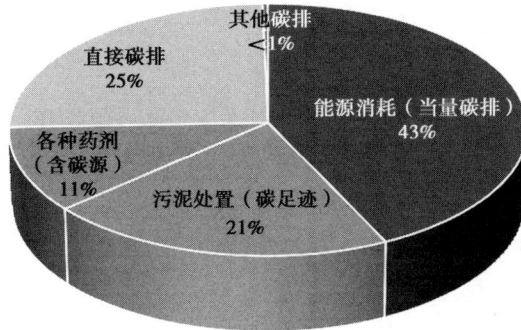

图 7.7　污水厂各部分降碳潜力

第 8 章
基于低碳目标的污水处理厂工艺策略分析

8.1 低碳污水厂最佳工艺路线选择

从工艺角度而言,什么样的工艺碳排放路线最优一直是行业最为关注的问题。实际上污水处理很难找到一种最优解,也不存在低碳的唯一路线,依据前文叙述,不同水质特征、环境条件以及运行方式都会对工艺碳排放起到影响。从本质上讲,碳源是影响整个污水处理过程直接碳排放的核心因素。从碳排放角度来看,其对碳源不同的利用方式差异明显,低碳水厂碳足迹优化技术的根本是降低碳源污染物通过好氧分解代谢或者内源呼吸器转化为 CO_2 的比例,最大化地发挥碳源电子供体、生物质能以及碳封存的优势。因此污水厂碳足迹优化涉及污水过程碳汇集与高效利用、污泥处理过程提升生物质能以及污泥处置过程的最佳碳封存方式等多个方面。

根据前文计算,整个碳源利用的核心在于碳损耗率的控制,这里定义的碳损耗率是指在污水厂运行中,除被用于脱氮过程的电子供体、转移到污泥中的生物质以及出水流失外的部分。目前我国不同工艺碳的损耗率差异巨大,其中延时曝气法等工艺碳损耗最高可达 55%,而经过低碳优化后的 AB 法工艺理论上可低至 13%,如图 8.1 所示。

从工艺角度而言,前端不同的预处理方式虽然有一定的碳源截留差异,但整体比重低,各种流程对污水厂碳源利用影响并不大,但应该考虑对废渣

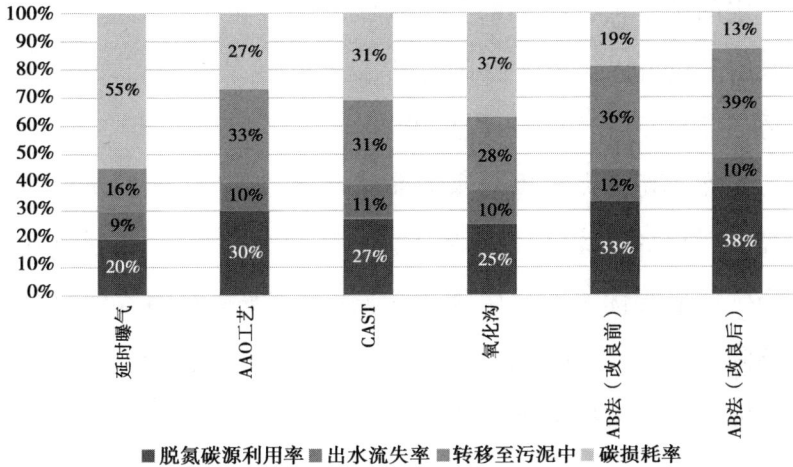

图 8.1 不同工艺碳足迹分布图

压榨液、洗砂后废液中碳源进行回收,未来污水工艺中取消沉池等物理化学单元对减少碳源流失非常必要。

前端尽可能回收碳源是避免碳损耗的最佳方法,AB 法中 A 段通过生物吸附作用使产泥率高达 0.924,大幅度降低了碳损耗。当然也可以通过外加絮凝剂甚至水力筛分等方法加以提升,例如 CEPT 工艺通过化学药剂的投加可实现对显著的颗粒性有机物的去除,但溶解性有机物去除效果不尽如人意;HRAS 工艺对有机物的去除效率为 55%~65%,其通过控制较短的水力停留时间和污泥停留时间实现对有机物的快速捕集。考虑到药剂当量以 PAC 为例,其投加量达到 10~15 mg/L 时才能明显提高回收率,按均值12.5 mg/L 计算,将产生 20 g/m³ 当量碳排放(不含后续污泥处理),而对应提高的碳源回收率仅有 5%,仅有 19.9 g/m³,即使不考虑后续碳源释放效率以及少量的损耗也是不划算的。如果考虑后续污泥碳排放,预计至少要提高碳源回收率7.5%才能达到平衡,而这一方法对于溶解物并没有额外的回收能力,很难大幅度提升碳源回收率。因此通过化学药剂实现碳源回收意义不大,但少量投加化学药剂对于提升污泥吸附效果或有一定的碳价值。投加部分生物吸附剂理论上可以提高吸附量,同时生物吸附剂也可以作为碳源补充,从低碳角度是合理的,但经济上并不划算。适当缩短停留时间(一般小于 30 min,建议值为 20~25 min),适当增强水力梯度提高污泥浓度对吸附意义较大,澄清结构将使得整体碳回收效率提升至 65%。此外,回收后工艺应快速分离和释放,脱氮补充碳源产生的降碳效果要优于产生生物质能,否则产泥率将随着代谢时间的延长而持续降低,回收过程应尽可能释放 EPS 中的碳源,形成高 COD 浓液,而剩余污泥应进入生物质能源化路径。

回收后的碳源应该定向补充脱氮过程,这使得 B 段与传统脱氮有一定差异,未来脱氮过程并不需要大比例污泥回流,曝气主要满足硝化需求即可。依靠后置反硝化池(如滤池结构、MBBR 结构等均可满足需求)进行脱氮,虽然也需要补充一定的碱度,但这将极大地降低曝气量以及回流消耗,更为关键的是有利于 N_2O 回收,可进一步降低直接碳排放。

考虑到除脱氮过程是直接碳排放中比例最大的,而且前文数据表明,相同碳源产生生物质能的碳汇远小于外加碳源的碳排放,因此在未来低碳水厂中碳应该优先作为脱氮电子供体使用。目前我国污水厂脱氮过程还是以传统硝化反硝化为主,这一途径的直接碳排放较低,但理论上需要不低于2.86倍的 COD 才能满足需求,实际考虑碳源利用效率一般,为保证脱氮效率往往要达到 COD/TN 大于 4,而且这一比值越高,N_2O 转化率越低,提高至 7时,甚至将降低到91%。同时,这也与工艺参数控制有很大的关系,如通过SND 或 PND 路线虽然对碳源需求有所折减(预计折减40%以上),但由于实际 N_2O 转化率大幅度提升,工艺直接碳排放更高。厌氧氨氧化过程N_2O转化效率最低,但目前主流厌氧氨氧化并无成功实践案例,而侧流厌氧氨氧化在低碳时代极具推广价值。

从脱氮直接碳排放与碳足迹优化的关系来看,二者确实存在着较大的矛盾。减少电子供体的应用必然导致直接碳排放的增加，而 N_2O 碳排放当量是 CO_2 当量的 265 倍，因此还是要优先控制直接碳排放，通过牺牲一部分碳源降低 N_2O 转化率。这里面有两个关键的问题：一方面，超过 2.86 理论值的污染物是否计算为碳损耗；另一方面，不同的出水标准下脱氮过程应消耗多少碳源。首先，脱氮过程是多种途径的综合结果，而 COD/TN 的比值并非固定，与 B/C 值等因素有关，目前工程实践中 COD/TN 不低于 4 才能保证稳定脱氮，而 2.86 的理论值是无法实现的，纵然以目前 27.2 mg/L 的总氮去除效率来看，预计有 30.7 mg/L 的脱氮碳源最终走向碳循环途径。但从实际运行角度来看，由于硝化过程要适当提高溶解氧浓度，将超过最佳碳氧平衡值，实际上大部分消耗的碳源最终还是补给脱氮过程代谢而形成 CO_2 逸出，少量促进反硝化菌的增殖，对污泥增量也不明显，这一比例接近实际处理的需碳量，因此不必计入碳损耗。而 COD/TN 大于 4 的部分可以按照分解代谢和合成代谢的比例计算碳损耗，由于硝化过程过量曝气的因素，实际这部分污泥增殖率仅有 50% 左右（合成代谢至少 25% 将转化为内源呼吸），碳损耗率将会达到 50%，因此超量的 COD/TN 比例会造成极大的碳源浪费，这一部分不应被忽视。此外，当出水总氮指标提高后，往往伴随着更大的损耗。目前我国污水厂达到一级 B 类标准 20 mg/L 时，脱氮 COD/TN 达到 4 是可以满足需求的，而一级 A 类出水为 15 mg/L，则 COD/TN 均值将达到 5 左右（与原水中 TN 浓度有关）。以相同脱氮量计算，这意味着约有 13.6 mg/L 碳源的额外损耗，当出水总氮小于 10 mg/L 时，为保证出水效果，COD/TN 甚至将超过 7，此时无机脱氮技术碳排放将更有优势。因此过度追求出水 TN 将极大地增加碳排放，不同出水标准下的脱氮损耗见表 8.1。

表 8.1　不同出水标准下脱氮损耗

出水总氮	COD/TN 比例	N$_2$O 转化率	脱氮碳损耗量
15~20 mg/L	4	0.91%	0
10~15 mg/L	5	0.82%	10%
<10 mg/L	7	0.66%	29%
<10 mg/L(无机)	无	0.55%	无

在实际污水处理中,应尽可能保证 COD/TN 在 4 左右,控制脱氮过程 N$_2$O 转化效率并控制碳损耗。从污水系统中回收的碳源也应优先补充脱氮过程,剩余碳源应直接进入污泥处理过程(除非以水力清洗直接提升进水 COD),而非全部释放至曝气池中,这样可明显降低碳源损耗。后序分离单元要避免低负荷、过长停留时间的沉淀单元如辅流二沉池等,诸如高密度沉淀甚至 MBR 工艺等将使得 GHC 排放降低,污泥内源呼吸减少,有利于后序生物质能的利用,虽然提高了一定的能耗,但比例较低。综合来看,这对污水厂碳排放控制是有利的。综上所述,污水处理过程最佳碳源利用途径可参考图 8.2。

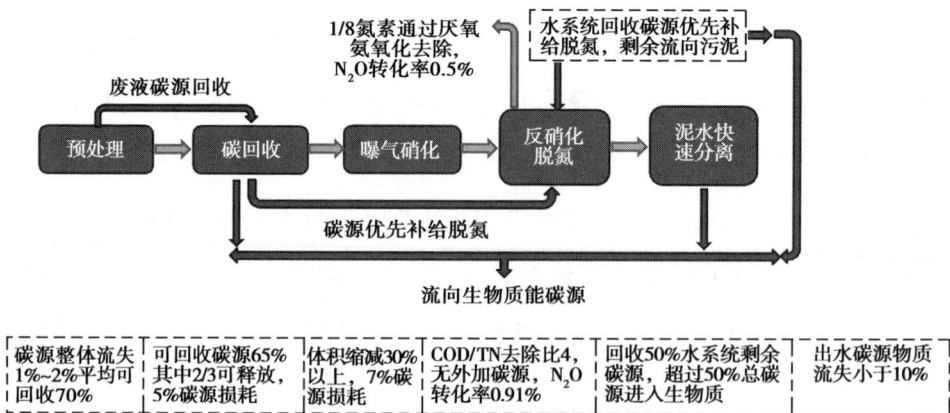

图 8.2　污水处理过程最佳碳源利用途径

在生物质能的利用中,产泥率是一个核心指标,目前只有 AB 法中的 A 段产泥率高达 90% 以上(92.4%),延时曝气法等工艺甚至将低于 40%,所产生的污泥并不全部用于生物质能应用。除了补充脱氮碳源,实际上污泥浓缩、脱水、消化等多个环节均存在碳源散逸。因此进入污泥处理或处置系统后,应选择高通量污泥浓缩、脱水设施,降低污泥浓缩停留时间,尽可能降低甲烷等温室气体逃逸,并完善 GHC 收集设施。在后续消化过程中,不收集原有两级消化后的一级沼气是污水厂沼气漏失的重要来源,在污水厂热能充分利用的前提下,将原有中温消化替换为高温消化+中温消化,不但有机物处理效率更高,产气量以及沼气回收量也将有一定程度的上升(提升 15% 以上),碳汇收益将大大提高。

此外,我国污水厂内碳源仅占整个水系统碳排放的 60% 左右。以我国水厂平均进水 COD 大约为 290 mg/L 为例,前文已经确定按照尽可能多地驱动碳进入生物质中测算,实际上脱氮过程要消耗超过 38% 的碳源,考虑最佳出水效果仍将有 10% 的碳源污染物流失。按照前文测算,在这一进水水质下碳源的损耗率最低可至 13%,剩余部分可进入污泥中,因此污泥中的碳源物质很难超过 39%,如果能适度从污水系统中回收一部分碳源,则这一比例将出现比较大的变化,如图 8.3 所示。

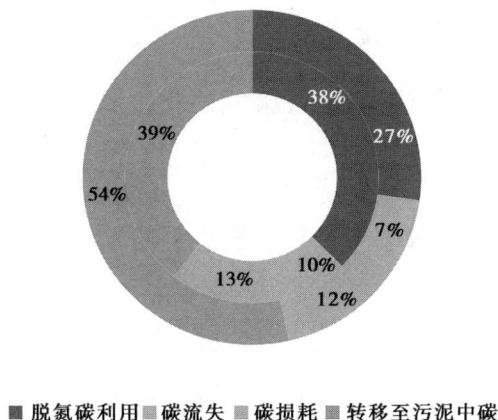

■ 脱氮碳利用　■ 碳流失　■ 碳损耗　■ 转移至污泥中碳

图 8.3　水系统碳回收前后最佳碳利用比值

8.2 低碳污水厂运行策略和管理模式

在"2010 上海热点论坛"上,张辰指出,污水处理设施建设消耗大量高能源高碳密度原材料产品,污水输送和处理运行过程,直接或间接造成温室气体的排放,因此应该树立低碳规划理念,选择低碳水处理技术,同时关注污泥处理处置能源回收。

8.2.1 污水厂低碳运行策略

(1)提升污水收集有效性

目前在我国污水处理系统中,污染物普遍存在于管道以及化粪池中,进厂水 COD 浓度过低,建议对管网系统完善地区,取消分流制地区化粪池,同时提高污水管网养护水平。

(2)应强化污水处理低碳运行

污水处理低碳运行包括优化污水处理过程运行、开发污水热能和太阳能、探索低碳污水处理工艺等。

(3)应注重污泥能源资源利用

结合低碳目标选择路线,通过厌氧消化回收能源,关注污泥资源回收利用。

8.2.2 国内外工程实例

(1)国外案例分析

波兰 Poznan(波兹南)一污水厂采用热电联产方式,实现发电 1.02 MWe、7 700 MW·h/a,产热 1.05 MWt、28 647 GJ/a。张辰指出,利用生物质能源替代化石能源,是碳减排同时减少大气污染的重要途径之一。

波兰Poznan（波兹南）

□ 热电联产
　✓ 发电1.02 MW, 7 700 MW·h/a
　✓ 产热1.05 MW, 28 647 GJ/a
□ 热泵
　✓ 热泵功率1.70 MW
　✓ 电耗660 kW（COP=2.58）
　✓ 产热38 345 GJ/a
□ 替代燃煤,减少CO_2排放2 000 t/a
□ 改善空气质量:大气污染物减少74%

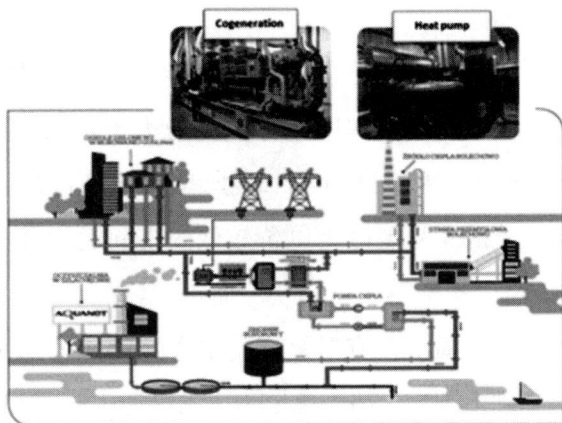

图 8.4　波兰波兹南污水处理厂的碳减排路径

日本长野县制订了污水处理零能源（ZES）计划,包括全球变暖的应对策略、能耗降低策略、能源产出策略,以水处理设施的集中化、设立生物质利用中心、区域生物质利用的协同化等方式,实现温室气体排放量的削减、低能耗运行方式和设备的引入,以及再生能源的利用。

表 8.2 为日本长野县污水处理零能源（ZES）计划实施情况。

表 8.2　日本长野县污水处理零能源（ZES）计划实施情况

年份	目标/实绩	可再生能源利用率	水处理能耗削减率	温室气体削减率
2065 年	目标	100%	40%	70%
2018 年	目标	6.30%	0.20%	0.80%
	实绩	7.20%	7.40%	3.80%
2019 年	目标	8.40%	0.50%	1.50%
	实绩	8.70%	11.10%	8.70%

日本岩手县以都南污水处理厂（处理能力为 195 600 m^3/d）能源自给为目的,优化设备运转方式,降低电耗。具体措施为:水泵避免转速过低和频繁启停;风机根据处理负荷选择最合适风量和最佳机型;搅拌器厌氧池和污

泥储槽中的搅拌器间歇运行。以 2015 年为基准,2019 年(试验后)电耗减少3.3%。

位于日本大分市的弁天污水处理厂利用大、小泵的搭配,优化水泵运行。弁天污水处理厂原有工况为大流量泵(4 号/5 号)与小流量泵(1 号/2 号)组合使用,同时 1 号/5 号单数日开启,2 号/4 号偶数日开启。该厂将效率较差的 4 号泵改为电价较低的夜间运行,白天开启 5 号泵,全年节省11%电费。

日本横滨市应对全球变暖实施计划为"2030 年温室气体排放量在 2013 年基础上削减26%"。北部污泥资源中心污泥碳化设施为200 t-wet/d,通过污泥的碳化减少 N_2O 排放,碳化燃料运至水泥厂替代煤炭。与焚烧炉相比,采用碳化炉可以减少温室气体排放,减排温室气体 5 281 t CO_2/年。表 8.3 为通过污泥碳化减少温室气体排放统计情况。

表8.3 污泥碳化减少温室气体排放统计情况表

温室气体产生途径	碳化炉/(t CO_2 · t^{-1})	焚烧炉/(t CO_2 · t^{-1})
市政燃气使用	0.063	0.001
N_2O 排放	0.013	0.201
电力使用	0.049	0.014
合计	0.125	0.216

(2)国内案例分析

在国内案例分析中,张辰以处理规模为 20×10^4 m^3/d 的污水处理厂进行了模拟计算,将出水标准设置为一级 A,氨氮和总磷执行地表Ⅳ类,采用曝气沉砂池+初沉池+AAO 生反池+二沉池+高效沉淀池+反硝化滤池+紫外消毒工艺,同时污泥处理采用低温真空脱水干化方式。

如果以不计生物源 CO_2 的碳排放构成或者包含生物源 CO_2 的碳排放构

成两种情况进行计算,不同的框架可以计算出不同的结果。

首先,提升出水标准将增加碳排放,主要来自电耗和药剂的间接排放。与一级 A 类相比,准 IV 类标准的单位水量碳排放增加 17%,因此应根据地区水环境容量、技术和经济发展水平,合理确定排放标准。

在能源利用途径方面,可以利用构筑物和建筑物的闲置顶面等空间,安装光伏电池组件,实现削峰填谷、清洁发电,可以补偿污水处理厂电耗 15% 左右。

其次,设计水温和环境温度要适合能量回收。在设计规模为 20 万 t 的水厂中,全部出水余热利用,提取水温 4 ℃,制冷能效比(EER)和制热性能系数(COP)分别取 4.1 和 4.2,可以实现制冷减少碳排放 44 218 kg CO_2e/d,制热减少碳排放 376 525 kg CO_2e/d。

再者,污泥采用“高含固厌氧消化(含固率取 10%)+土地利用”技术路线可以实现碳汇。假设污泥处理量为 35 tDS/d,采用“高含固厌氧消化(含固率按 10%)+土地利用”的技术路线,产生的甲烷除用于厌氧消化自身的能量需求,还可用来发电、供热、驱动鼓风机等,实现碳补偿同时产生沼气 5 600 m^3/d,发电 11 200 kW·h/d,满足污水处理厂 18% 电耗。余热为 64 400 MJ/d,除满足厌氧消化本身热量需求外仍有剩余,合计碳排放为 1 855 kg CO_2e/d。污泥的治理要统一考虑“泥水共治”,污水处理厂进水 COD 浓度达到一定程度后,污泥的厌氧消化技术路线完全能助力实现水厂的零碳目标。

8.3　基于实时碳信息反馈的低碳运行体系构建

针对污水处理系统中水能物流的迁移转化过程,结合数学、化学、物理、生物及环境工程学等多学科理论,建立城市污水处理系统反应过程的底层数字模型体系,并通过将底层模型与污水处理工艺系统耦合,建立基于物流能流平衡的污水处理工艺过程碳排模型,开发污水处理系统的碳排软件,为推动城市污水处理系统碳排计量及碳中和提供技术支撑和管理策略。整体构建思路如图8.5所示。

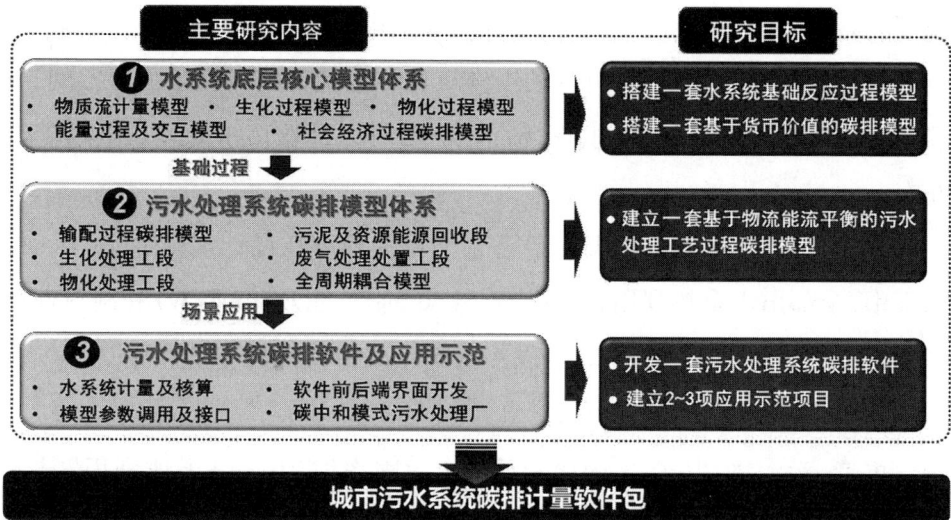

图8.5 实时碳信息反馈的低碳运行体系架构图

架构实时反馈的低碳运行体系应建立模型核心数据库、前端采集核心数据库、采集数据库与核心数据库数据同步、模型参数动态化改造、模型调用和反馈接口、基于数据的工艺模型、建模模型的调用与反馈接口、整体工艺调整模型调用与反馈接口、工艺过程的前端控制界面、控制界面后端接口等过程,通过对示范污水处理厂的在线数据进行实时采集与分析处理,利用数字孪生技术获取非在线采集的重要基础数据,探究碳中和软件与污水处理厂数据的交互机制,建立污水处理厂的碳排计量平台,并重点针对污水处理厂的碳排单元进行源头解析、低碳技术替代与升级等,建成低碳/负碳型示范污水处理厂。

第 9 章

污水厂碳汇新技术

9.1 污水厂新能源利用与蓄能技术

近年来,随着光伏和风能的大规模应用,越来越多的蓄能技术被应用,应用最为广泛的主要是抽水蓄能以及动力电池技术。其中抽水蓄能往往需要较高的地势差,这在污水厂内难以实现,而动力电池的成本较高,且存在一定的安全隐患,在污水厂中很难大规模应用。目前污水厂真正具有调蓄能力的仅有生物质能,一般设计和工程中采用沼气调节比例为 50% 左右,这远远不能满足污水厂能源平衡的要求。未来污水厂实现低碳运行后,如能通过水系统中回收碳源,沼气部分仅能覆盖不超过 75% 的污水厂能耗,剩余部分多由光伏和风能提供,即便不考虑污水厂剩余能量的输出,考虑到太阳能和风能的局限性,至少应需要 133% 的蓄气比例才能满足水厂正常运行需求,但实际上超过 100% 的储存量并无实际意义。

由于污水厂运行稳定性要求高,即便提高生物质能调蓄比例,但如果没有合理的能源调配,必定会出现分时能源超支或不足的情况。以典型污水处理厂为例,其太阳能光伏装机容量高达 17 MW,每年实际发电 2 000 万 kW·h 以上,但由于能源利用限制,预计超过 40% 的太阳能不得不低价上网(约 0.14 元/kW·h),而夜间从电网购电即使是谷时电价仍要超过 0.4 元/kW·h,存在着极大的经济浪费。同时根据第 8 章论述可知,这一模式本身产生的碳汇也较少,国内大部分污水厂光伏系统都存在这一问题的困扰。

解决这一问题的关键是要重新梳理污水厂用电方式,明确哪些用电可以被调蓄和替代。其中用电量最大的部分为曝气过程,根据上文计算,曝气一般要占到污水厂总能耗的 60% 以上,即便是未来低碳水厂仍要占到 40%。理论上这部分能耗产出的工质是空气,而空气本身是完全可以压缩调蓄的。近年来空气储能技术发展迅速,储能效率已经超过 70%,而如果不以空气驱动轮机工作而仅是用于调节空气释放时间,或者将驱动轮机做功后的气用于减压曝气,其损耗更低,总效率甚至可超过 90%。此外,空气储能安全性好,非常适合水厂布置,甚至通过对储气体系升温还可实现热电的部分转换,技术模式如图 9.1 所示。

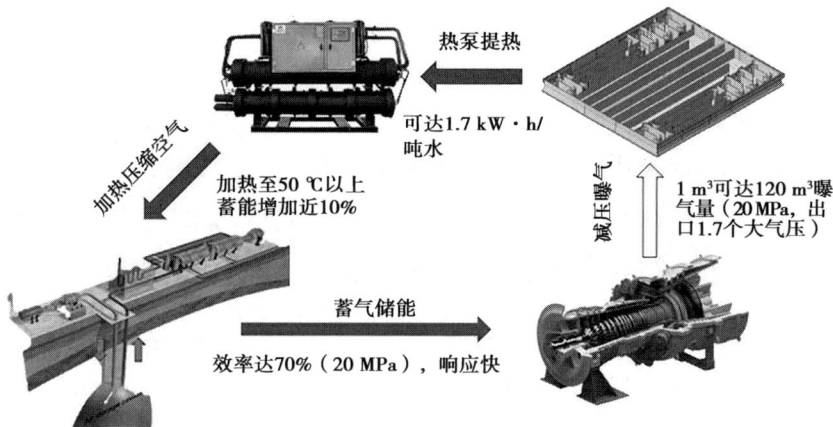

图 9.1　污水厂蓄气蓄能路径

传统空气储能系统围绕着提高能源利用效率进行设计,有复杂的热回收系统和发电系统,实际上污水厂储能过程中并不需要很高的蓄电效率。通过蓄存高压气体完全可以满足曝气要求,根据目前储气系统压力 1 m³ 可达 120 m³ 曝气量(20 MPa,出口 1.7 个大气压)、气水比为 4:1 核算,可以满足 30 m³ 污水的曝气要求,因此每万吨污水处理厂仅需 334 m³ 蓄气即可满足全部曝气依靠蓄能驱动的需求。相关技术指标表明,334 m³ 蓄气理论可以作为 1.2 MW 的能源调蓄,但考虑实际能源峰谷利用,最大需要蓄能比例不会超过 50%,因此 167 m³ 即可满足曝气调蓄的需求。以典型水厂 60 万

m^3/d考虑,其最大需要约 1 万 m^3 蓄气即可满足。这意味着目前占水厂能耗 60%,未来占水厂能耗 40%的曝气能耗可以实现全绿色能源覆盖,同时由于蓄气释放产生的电能利用率最高可达 70%,即使按 10 MW 级蓄气效率达到 60%测算,也相当于 30 MW 的蓄能当量,远超 17 MW 太阳能装机容量。其剩余能量完全可覆盖搅拌、回流以及提升能耗,并为热泵等新能源动力提供能量。按吨水蓄能能力计算,空气储能模式可以实现超过 0.19 kW·h/吨水调蓄,在未来低碳水厂中占总能源的比重已经接近 80%,加之沼气的调蓄可以满足 100%以上的生物质能调蓄,相当于整个水厂蓄能的 75%。二者相加使得水厂能源调蓄能力已经达到 0.37 kW·h/吨水,相当于未来低碳水厂 155%的调蓄比例,考虑到沼气稳定性较高,因此即使遇到特殊气候也可以保持 3 d 的持续运转。

此外,由于污水厂热能相对丰富,实际上蓄气还可通过对低品位热能的利用理论上实现热电转换。例如通过热泵换热使蓄气温度提升至 50 ℃,空气蓄能能量密度将提升 10%,这意味着可以实现相当于 0.02 kW·h/吨水的热电转换,可以使污水厂能源自给率和蓄能效率进一步提升。从工程角度来看,空气蓄能技术在污水厂内安全性高,可以与未来蓄热池合建,甚至直接利用空气动能驱动设备运转,对污水厂的能源消费方式、能量调蓄和补充意义重大。根据中国科学院热物理研究所公开数据,100 MW 的压缩空气储能初建成本为 4 000~5 000 元/kW,1 000 元/(kW·h),成本为 0.15~0.25 元/(kW·h),在污水厂中空气储能由于考虑曝气利用因素效率更高,预计实际均价小于 0.2 元/(kW·h),考虑到目前光伏上网电价为 0.14 元/(kW·h),二者相加远低于电网谷值电价。因此无论是从降碳还是增效上来看,这一技术都有着极大的经济前景。

利用压缩空气储能系统可以将污水厂中各种间歇的可再生能源拼接起来,形成稳定的电力供应,同时也可作为线路检修、故障或紧急情况下的备用电源。更为重要的是,压缩空气储能系统可以在几分钟内启动达到全负荷工作状态,远低于普通的燃煤/油电站的启动时间,更适合作为电力负荷平衡装置,从而使得污水厂从理论能源自给到实际能量输出的转变,可使得污水厂不但能作为城市水循环重要的处理节点,还在真正意义上成为能量工厂,成为"城市蓄电池"或"城市调峰电站"。

9.2 污泥碳封存技术

诸多研究认为污水处理厂碳中和只能依靠能源自给、资源回收等方式实现,虽然部分研究已经意识到了污水厂碳汇的可能性,但并未从碳封存的角度来探讨其碳汇可能性。虽然在整个污水处理过程中,直接碳排放很难收集和封存,但通过工艺的优化将污水中的碳尽可能驱动到污泥中以及通过对污泥中的碳进行封存从而实现降碳的目标,这也属于 CCUS 碳封存的范畴。

实际上对污泥中的碳进行封存的成本是非常低的。根据 IPCC 推荐值(有机质含量大约为 50%),实际我国现有污泥中有机质含量较低,目前消化后污泥部分有机质含量甚至低于 20%。未来,将利用污泥增量技术以获取更多的生物能,增量后预计干污泥中有机质含量可以达到 40%以上(根据前文测算约为 43%),按照污泥中物质比例($C_5H_7NO_2$)预计相当于 22.8%的碳,相当于 0.837 t CO_2/tDS。因此如果将污泥进行深埋(如利用废矿井、深海等),其技术难度和代价远低于目前 CO_2 封存技术。

目前 CCUS 技术在实际操作的全流程过程中的运行成本主要涉及捕集、运输、封存、利用这 4 个主要环节。在火力发电后安装碳捕集装置,将导致发电成本增加 0.26~0.4 元/(kW·h)。采用 CCS 和 CCU 工艺后,煤气化成本将分别增加 10%和 38%,只有当碳交易价格高于 15 美元/t CO_2 时,采用 CCS 和 CCU 的煤气化工艺在生产成本上才具有优势;在延长石油 CCUS 综合项目中,封存的 CO_2 来自煤制气中的预燃烧过程(即煤制气中合成气的生产过程),这使得 CO_2 具有较高的纯度和浓度,相较于其他 CO_2 捕获和运输项目,综合项目的捕集和运行成本下降了约 26.4%,仅为 26.5 美元/t CO_2,其中捕集成本为 17.52 美元/t CO_2,运输成本为 9.03 美元/t CO_2。此外,CCUS 技术存在环境风险,在 CO_2 捕集、运输、利用与封存等环节均可能会产生泄漏,并对附近的生态环境、人身安全等造成影响。

表 9.1　2025—2060 年 CCUS 各环节技术成本

年份		2025	2030	2035	2040	2050	2060
捕集成本 (元/t)	燃烧前	100~180	90~130	70~80	50~70	30~50	20~40
	燃烧后	230~310	190~280	160~220	100~180	80~150	70~120
	富氧燃烧	300~480	160~390	130~320	110~230	90~150	80~130
捕集成本 [元/(t×km)]	罐车运输	0.9~1.4	0.8~1.3	0.7~1.2	0.6~1.1	0.5~1.1	0.5~1
	管道运输	0.8	0.7	0.6	0.5	0.45	0.4
封存成本(元/t)		50~60	40~50	35~40	30~35	25~30	20~25

从表 9.1 中可以看到,CCUS 过程主要的成本消耗在于 CCS(捕集)过程中,同时目前其平均成本要高于碳交易价值。而在有条件的区域如沿海、采空区以及废旧矿区等,污泥通过物理封存产生的成本不足其 1/3,在运距为 20 km 的半径内,其综合成本明显低于碳交易价格。更为关键的是,如采用碳封存技术,则前端污泥处置成本和碳排放将大幅度降低,使得污泥处置过程由高碳耗转变为碳汇。根据上文数据,除堆肥路线外,污泥处置碳排放均超过 165 kg CO_2/m^3,其中污泥深度脱水综合碳耗已经高于 33 kg CO_2/m^3,如深度脱水后采用余热进行干燥而不进行最终焚烧,其总碳耗仍将达 100 kg CO_2/m^3(以含水率 80% 计)以上,干燥后污泥含水率最低可至 40%,此时污泥可以通过掺杂消毒剂、硅酸盐固化材料并进行封装达到深埋要求(预计药剂添加量占绝干污泥量的 25%),其 GHC 释放量小于 0.5‰,200 年释放量小于 9.5%。考虑到封存过程碳排放以及释放折减,预计折合成 80% 含水率污泥,这种封存方式产生的碳汇不但可以完全抵消污泥处置部分碳

排放,甚至可以额外产生超过 20 kg CO_2/t(80%含水率污泥)碳汇,折算为 12 g CO_2/m³污水。更为关键的是,碳封存形成的碳汇易于交易,封存时污泥平均含固率约为 65%,预计产生碳汇 545 kg CO_2/t。

[案例分析]

青岛即墨碳化工艺原位处理污泥为避免运输过程中的二次污染,项目采用原位处理污水处理厂产生的污泥。但现场空间条件十分有限,其中干化、碳化处理主车间建筑面积仅有 1 500 m²,不足正常设计水平的1/3。对此,充分发挥自有的"泥水协同"技术优势,通过对污水厂原有污泥脱水机房改造,将污泥处置分割成多个模块分布在污水厂原有构筑物之中,在高效完成污泥处理处置的同时,紧凑集约利用土地,释放城市环境容量。本项目采用"深度脱水+干化+碳化+烟气净化+建材利用"的污泥碳化工艺路线。为实现最优处置路径,开展污泥特性研究、碳化工艺设计研发、工艺能量平衡研究、干化碳化设备研发及碳渣资源化利用研究,并形成包含"污泥接收及储存系统""污泥浓缩调理及深度脱水系统""污泥干化系统""污泥热解碳化系统""烟气处理系统"5 大核心工艺系统,以及"碳渣冷却及存储系统""压缩空气及氮气系统""工业循环冷却水系统"3 大辅助系统的完整污泥碳化工艺技术,可满足国家对污泥处置标准的要求,详细工艺流程如图 9.2 所示。

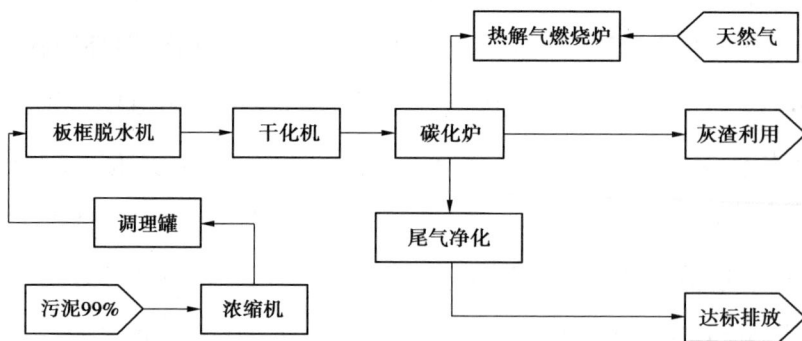

图 9.2 青岛即墨碳化工艺原位处理污泥工艺路线图

9.3　污水厂负补偿调剂模式

近年来,虚拟电厂概念的深入为公用设施能源管理提供了新的路径。从虚拟电厂概念来看,一方面,在污水厂供电侧可通过信息技术将各种发电储能资源整合在一起,综合考虑污水厂多种电源的优化调度,可以切换热能和电能的综合利用,甚至打通污水厂与城市界限,使得污水厂反哺方式更多元化,成为水系统甚至公用设施的能源调蓄池。另一方面,在用电侧,虚拟电厂理念是通过对整合的能量资源进行调配,协同优化后来响应灵活的用电需求。要实现污水厂用能成本最低,能量最绿色,不但要从供给端保证充足的负荷和可靠的调蓄能力,同时也应该从需求端革新污水厂能源消费方式。基于这一观点,本章提出了负补偿调节机制,如图 9.3 所示。

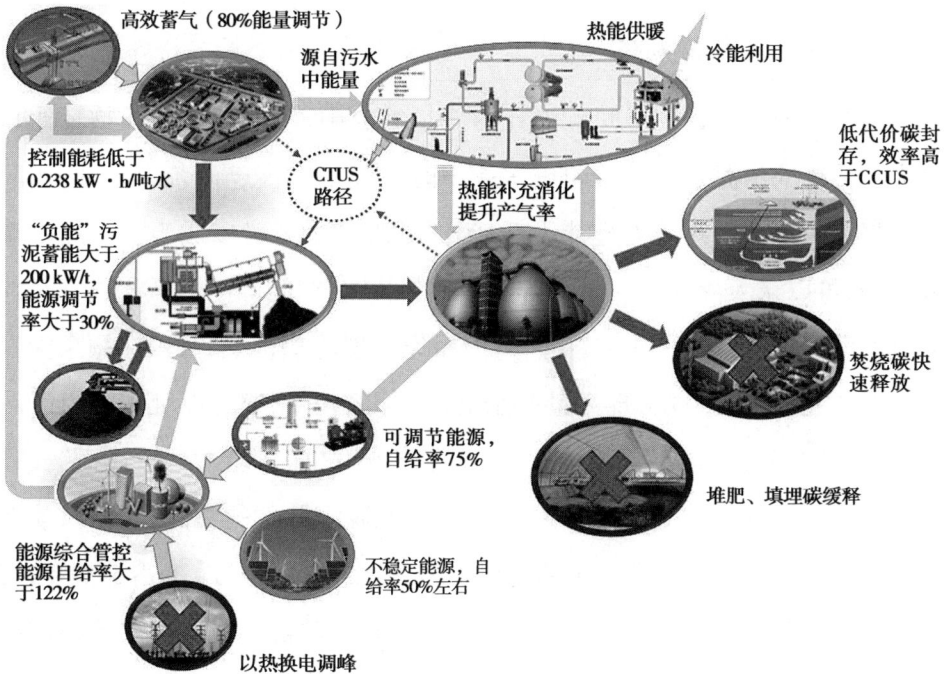

图 9.3　污水厂负碳调节模式

污水厂负补偿调节机制的核心在于对污水厂用电负荷的重新梳理。实际上,从用电角度而言,污水厂并不是所有用电单元都需要连续运转。以前文计算的低碳水厂极限节能数据测算,目前实际上占污水厂用电比率最高的曝气部分未来将大幅度下降,仅占水厂总能耗的40%,加之搅拌、提升、回流等部分能耗,实际上仅有76%的能耗是需要连续消费的。而污泥处理等部分用电则完全可以间歇化运转,其他能源消费中至少有80%也是可以间歇运转的,由此计算出污水厂在需求侧大概有22%的用电是可以随供电负荷变化而变化的。根据前文数据,从水系统回收一部分碳源后,污水厂生物质能可以满足75%的能源消费,这意味着如将生物质能匹配污水厂连续运行能源后,理论上从消费端也可基本解决新能源利用的问题。

在实际污水厂运行中,负补偿问题较灵活时段处理污泥更为复杂。未来在污水厂中可以实现的负碳补偿有如下两种路径:

(1)污泥负补偿载体

在污水处理厂各种可间歇消耗的能量组成中,污泥处置能耗物耗比重最大。传统的污泥处理是按照班次或小时处理量来核定设备容量的,实际上当提高污泥处理系统处理能力后,污泥处理和处置可以成为一种用电调峰机制,可以认为待处理污泥相当于负能源载体,在能源供给平衡或不足的时刻污泥处理或处置可以被暂停,其中污泥处理能耗稍低,可以在剩余能源出现时优先使用,一旦出现大量剩余能源则可立即用于污泥处置。由于污泥本身为固态或液态,其可存储性是非常好的,这样从能量消费端而言,仅需要设置污泥仓或更大的污泥贮池即可实现能源调蓄的功能,这一负能源理念可以在极端天气能源不足的情况下将污泥封存,整体减少系统功耗,待能量充沛后集中处置,由此污泥调蓄就成为能源调蓄的载体。调蓄不同阶段的污泥对成本和整体蓄能的影响非常大,不同含水率污泥调蓄比例见表9.2。一般而言,浓缩后污泥含水率高能量密度低,且调蓄容积过大,而80%

脱水污泥容积仅为 0.8‰,能量密度最高,而深度脱水后污泥能源密度和调蓄比例都大幅度下降。因此含水率 80% 作为负补偿载体是最为合理的。

表 9.2　不同含水率污泥调蓄比例

	含水率 （%）	当前能源密度 （kW·h/t）	未来能源密度 （kW·h/t）	容积需求 （m³/万 t）	调蓄比例 （%）
浓缩后污泥	97	36	18	55	38
脱水污泥	80	200	60	8	35
深度脱水污泥	60	135	35	4.5	13

如果未来把污泥处置部分完全移入污水厂,则可以计算出每吨污泥的当量负碳值是巨大的。以目前含水率 80% 处理能耗为 18.75 kW·h/t 计算,处置能耗根据不同的工艺可以高达 60~350 kW·h/t(均值约为 200 kW·h/t,这一数值已接近主流动力电池的功率密度,且无安全风险)。以目前污水厂污泥处理和处置能耗均值计算,每吨含水率为 80% 的污泥至少含有 200 kW·h 的负能源当量,相当于目前实际能耗调蓄比例的 35%,未来低碳水厂采用低碳污泥处置路径,虽然单位污泥负补偿量低至 60 kW·h/t,但依然要占未来污水厂总电能使用量的 20% 以上。这里需要说明的是,当污泥调蓄周期增加后,实际上有利于污泥的干化或脱水,甚至可以兼容如冻融、太阳能干化等技术降低污泥全生命周期碳排放,并可以实现部分热能替代电能降低总能源消耗,对污水厂蓄能意义重大。

（2）热泵负补偿调节机制

为提高污水热能利用,往往需要利用热泵蓄热或蓄冷,这也是污水厂产生碳汇最大的部分,而热泵本身也要消耗一定电能。因此热泵产生的冷热水也可以作为负补偿的重要载体,即在能源充足时大幅度提高热泵使用率将产生的冷热能蓄存,而在能源不足时热泵并不开启但仍可稳定地反哺冷热能,甚至可以用部分热能替代现有污泥处置电耗。实际上,在未来碳汇污水厂中,热泵带来的碳汇比重是最大的,但这一过程中增加的能耗也非常明显,甚至可高于未来污水厂处理过程能耗。从整个水系统社会循环而言,新能源的生产不必一定放置在污水厂内,而通过汇聚城市各个水系统节点闲置空间产生大量不稳定的电能,都可以通过蓄热的方式加以应用。仅仅依靠增加保温性好的蓄热或蓄冷池就可以形成负补偿机制,将不稳定的新能源电能转化为可持续产生稳定碳汇的冷热能,这对于整个水系统的能源消费和碳汇价值都是非常有意义的。根据计算,污水厂如发挥热泵最大的潜能(按 COP 值为 5,$\Delta t = 4$ ℃计算),未来水厂至少达到能源自给率为 210%,因此现有能源自给完全可在污水厂内消费,并通过采用绿电补给剩余部分电能,如图 9.4 所示。

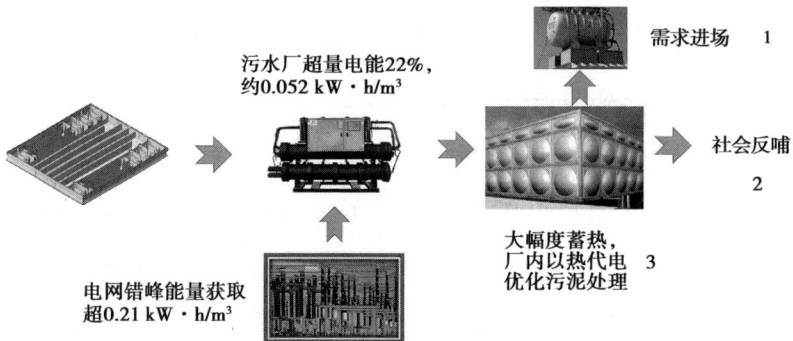

图 9.4　蓄热负碳调节模式图

污水厂负补偿调节模式的形成,加之蓄能技术的提升将使得污水厂多源能量的利用更加灵活。从虚拟电厂的概念来看,污水厂不但能根本上实现能源自给,甚至可通过可控能量输出实现碳汇价值最大化。"空气储能模式+负补偿调节"机制还可以使污水厂真正意义上成为城市的蓄电站、蓄能站,成为整个水系统乃至公用设施关键的虚拟电厂和碳汇工厂。

9.4　污水厂+数据中心的新模式

　　污水厂冷热能利用是实现水厂碳汇的重要条件。目前很多学者认为，从综合成本考虑，污水厂冷热能利用很难突破 3~5 km 的服务半径。实际上污水厂对社会的反哺并不一定要突破物理的厂界，水厂蕴含能量是巨大的，如果其热能得到充分的利用，相当于千 t/h 水回收 3 MW 的热能（用于冷却等 $\Delta t = 5$ ℃，转换效率 55%），因此一个 5 万 t/d 规模的水厂（相当于我国目前污水处理厂的平均处理量）相当于超过 6 MW 冷热能机组，这完全满足了实际上大部分县域园区冷热能需求，而对于一个 60 万 m^3／日的污水处理厂，其热能相当于 72 MW 冷热能机组，对于整个区域冷热能利用都意义重大（以每 1 m^2 供暖 48 W 计算，相当于 150 万 m^2 的供热量）。因此在低碳时代，以碳为规划因子依托污水厂作为区域冷热能应用的重要节点进行布局意义重大。

　　但选择什么样的冷热能客户，如何最大化利用这种低品位热源，能够降低输送距离，甚至在厂内完成利用，是冷热能利用的关键。在大数据广泛应用的时代，数据挖掘（产生）、存储与流通甚至数据的功能化及价值化都必然带来大量能源、资源的消耗，由此产生大量的碳排放。2018 年每 2 d 产生的数据量接近于 2 000 年前人类全部数据量（准确数据可查）。此外，5G 完全替代 4G 后，我国范围内基站的能耗预估每年 2 000 多亿 kW·h，实际上近年来各个城市都受到数据中心高能耗的困扰，随着数据量的不断增加，数据带来的碳排放凸显。如果将城市数据中心纳入到污水厂中，利用相对恒定水温的处理后，污水降低 PUE 值将是非常划算的。PUE 组成如图 9.5 所示。除工厂功率之外，数据中心能耗最大的为制冷系统能耗，这部分能耗可以完全通过污水冷能吸收，甚至可实现二次利用。考虑到污水厂可通过生物质能和增加蓄能设施进行能源调试，UPS 电源甚至都可以被替代。此外，二者可共用备用发电机和相关变配电设施,理论上 PUE 值可降低到 1.05 以下。

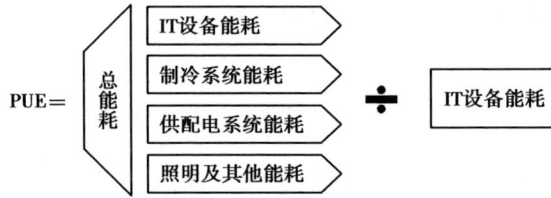

图 9.5　PUE 组成图

以 PUE 值为 1.5 的数据中心为例。实际上水厂可以满足数据中心的能量需求,且无须采用热泵技术,根据 McCarty 等人计算得到理论最大有机化学能为 1.93 kW·h/m³,而以温差为 6 ℃计算水热能最大潜力达 7 kW·h/m³,考虑到利用效率,预计实际水厂水温可用潜热将达 2.5 kW·h/m³(不采用热泵 $\Delta t = 4$ ℃,转换效率为 55%),每万吨水厂可提供相当于 1 MW 的冷热能价值。

如果能在水行业充分挖掘这一潜力,这是非常有意义的。以中国电信集团为例,2021 年数据中心耗电达到 56 亿 kW·h,占总耗电量的 20%,56 亿 kW·h 中至少有 25%~30%(取 27.5%)可通过污水热能利用加以解决,相当于节省 15.4 亿 kW·h 电能。这仅仅需要 6.2 亿 t 污水的热能利用就足够了,仅占到我国全部污水处理量的 1.1%。2020 年国内数据中心年耗电量约为 2 045 亿 kW·h,占全社会用电量的 2.7%,这里面有 620 多亿 kW·h 用于冷却(预计碳排放高达 6 000 万 t,碳交易价值高达 30 亿,不计能源成本),因此仅需不到 250 亿 t 污水即可满足要求,这也仅占到全国污水处理总量的 40%左右。据统计,目前已知全球有 314 个新建的超大规模数据中心(2021 年数据),运营数据中心的安装基数将在 3 年内超过 1 000 个,并在此后继续快速增长,国内算力和数据中心的重新布局也将会发生改变。

去除一些处理规模小、水质特殊的污水厂,"污水+数据中心"模式可以从根本上解决数据中心碳排放的问题,污水厂与城市数据中心的结合将从根本上解决数据成本以及污水碳汇出口问题。此外,将数据中心整合到污水厂后,可以更有效地利用剩余能源,甚至成为新能源交换站,综合经济效益提升明显。"污水厂+数据中心"是现阶段实现污水厂零碳、近零碳的重要技术结合点。从目前我国污水厂碳排特征来看,即使通过工艺优化、节能降耗也很难实现大幅度降碳,降碳仍需要核心碳汇技术,如何发掘相关碳汇需求不能仅仅局限于污水系统自身需求,跨行业交叉是非常必要的。近年来碳排增幅最大的行业中数据中心的增量最为明显,数据中心自身带来的高能耗高碳排等问题已经被国家关注。一方面由于智慧城市、大模型、算力增加等需求巨大,另一方面数据中心建设成本、能耗等门槛日益提高,数据中心建设的最核心问题是能耗问题。其中有近 40% 的能耗用于散热方面,且存在用电负荷增加难、用水量大等问题,这些问题中恰恰与污水厂自身所具有的优势相契合。污水厂随着能源自给率不断提高、剩余能源最大化利用方式亟待解决、污水厂大量的冷热能利用往往受制于送水半径、污水厂供配电余量较大,用电空置率高……如能将二者结合,必然会以数据中心为出口产生大量的商业价值,而从污水厂来看,又增加了碳汇来源,相较于国外META 的北极中心、微软的海洋中心,我国阿里的湖下中心、腾讯的贵州溶洞中心等造价更低,运行更稳定,对环境的破坏也更小。

  "污水厂+数据中心"模式具有几个先天优势:第一,城市污水厂数量与数据中心需求是匹配的,这一点在一线城市优势尤为明显;第二,污水厂水载能量足够大,基础设施相对完备,用地成本低,虽然在通信方面有所欠缺,但整体建设成本更低;第三,由于能够消纳更多的绿色能源,并具有碳排和PUE 值的优势,可以利用政策推动形成高优先级,数据中心的使用率会更高,经济效益优势非常明显。经测算,数据中心产生的收益甚至可大幅度超过现有污水厂运行成本,一旦形成完整的数据产业链,甚至可能与政府形成"零负担"水厂等新的收费运维模式。但并不能认为"污水厂+数据中心"就是简单利用污水厂水热能的问题,这里面还存在如下一些技术需求:

（1）污水厂水的冷热能利用效率问题

对于污水厂数据中心，热能利用效率是项目降碳能力以及效率的关键，这里面包含如下 3 个关键问题：

①换热效率：以我国数据产业最发达且平均水温较高的城市——深圳为例，深圳污水水温范围一般为 22~28 ℃，平均值为 25 ℃，采用传统空冷式换热将水载能源以空调形式进行换热并非最佳利用形式，而且 PUE 值很难低于 1.2，建议采用液冷换热形式，尤其推荐浸没式液冷换热系统。换热介质可分两次循环，内循环介质与数据中心散热元件进行直接接触，介质温度不超过 46 ℃，外循环介质为污水，可采用多种换热形式，为提高换热效果建议采用换热箱（罐），内设大量换热单元加以实现。污水的理论热/冷能可按式（9.1）进行计算：

$$A = M \times \Delta T \times C \tag{9.1}$$

式中　M——质量，kg；

　　　C——比热，水的比热为 4 200 J/（kg·℃）。

如果 $\Delta t = 8$ ℃且能够极限利用热能，可达 9.2 kW·h/m³，相当于碳汇可折减 5.5 kg CO_2/m³，这一指标是接近污水厂吨水碳排的 10 倍。即使考虑到水厂工艺的差异和换热过程中部分能量的损耗等因素，当污水厂 12% 的污水用于数据中心换热，将能实现零碳甚至负碳水厂的目标。以 50 万 m³/d 的处理能力（考虑变化系数为 1.3，最低负荷约 38.5 万 t，系统冗余按 1.3 左右选择，预计有 30 万 t 污水可作为数据中心换热）计算 4.2 万 t 的污水用于数据中心换热理论上即可达到碳中和，实际上换热后的污水还可补给消化或者污泥干化产生二次的能量利用。经过两次能量利用后，预计仅需要 5% 的实际污水量用于冷热能交换，即可满足污水厂碳中和要求。

同时，这一换热方式对数据中心极为有利。根据水下数据中心的实测数据(参考海兰信产品),PUE 值可低至 1.075,考虑到污水厂流动性更强,PUE 值中供配电系统能耗以及其他能耗也可借助污水厂内现有公用设施,理论 PUE 值可低至 1.05,考虑到目前技术水平暂定按 1.075 计算,而目前国内数据中心技术要求限制为 1.45。

②热能利用方式:单纯作为数据中心散热对水热能利用效率并不充分,实际上如能将数据中心的热能换热后二次利用,则可大大提升水厂能源利用效率。目前我国水厂在消化池加热、低温污泥干化中仍使用大量的热能,消耗了大部分沼气能源,如果这部分热能能够通过数据中心余热替代,将产生大量的能源结余,剩余沼气可通过发电反哺水厂提升水厂能源自给率。根据深圳市年积温情况,按平均换热后水温计算,采用中温消化预计可减少80%的消化池热能,也可将低温污泥干化能耗降低 70%以上,这是典型的以热替电的过程。

③数据中心能源替代问题:实际上"污水厂+数据中心"模式一个很重要的价值增量在于污水厂新能源的高效利用,这也是能源综合调蓄的重要节点。目前数据中心建设的难点在于高能耗,而污水厂能源自给后获得的新能源(包括光伏和生物质能)往往缺乏价值出口(大部分非稳定的新能源上网价格有限,同时水厂依靠自我消化新能源也存在一定的问题),将剩余能源经蓄能后应用于数据中心是最高价值的利用方式。

(2)污水厂数据中心规模选择及能量平衡

传统数据中心建设要求主要集中在占地、用水量、用电负荷、通信要求等方面。目前来看,用水量在污水厂内并不是问题,大型污水厂面积较为充裕,但考虑到数据中心的防护要求,仍需要设置单独的区域并应用密度较高的机柜。同时,在数据中心通信方面,一般水厂往往达不到要求,需要进行电力扩容,而数据中心用电问题则是最为核心的问题。数据中心建设对配电系统的要求很高,污水厂本身属于一级负荷,大型污水厂具备 2 个独立供电系统供电,这一点与数据中心的要求相一致,在污水厂基础上适当增容或利用污水厂节能产生的用电负荷余量反哺数据中心可极大地推进数据中心的建设,并减少运营过程中空使费用,污水厂用电增容能力有限,新建数据中心用电负荷大幅度增加也不容易,因此基于现有污水厂用电规模适当地进行增量从而满足数据中心的利用是最为合适的。

参考 50 万 t/d 污水厂用电情况来看,考虑到现有工艺的节能降耗,污水厂供配电系统 0.12 kW·h/m³ 的冗余是完全可以做到的,这相当于每日 6 万 kW·h 用电负荷,另外考虑到污水厂改造后增容 20% 较为容易实现,相当于可增加 5~6 万 kW·h 的容量,二者相当于每日可富余 11~12 万 kW·h 用于数据中心。此外,考虑到污水厂所产生的新能源,如将这一部分能源反哺,则可实现最佳的利用方式。从目前污水厂能源应用情况来看,不考虑水厂自用,污水厂吨水可获得的能源预计可达 0.3~0.35 kW·h。以 0.3 kW·h 计算,其中 1/3 为太阳能,2/3 为生物质能(以 90% 发电计算,按照传统两级中温消化的形式,一级产气,投配率按 5% 计算,污泥含水率均值为 97.5%,计算每千吨污泥投配量 6.5 t,每日产生沼气 170 m³,50 万 t 预计产生 8.5 万 m³,按 20 000 KJ/m³ 计算,相当于 11 万 kW·h/d,改造前 20% 可以用于发电,改造后 80% 可用于发电,相当于每年 2 400 万 kW·h 电)。这两部分能源预计合计可达 4 200 万 kW·h,相当于每日 11.5 万 kW·h,按 PUE 值取1.05 计应可满足 IT 功耗 4 000 kW 以上数据中心的使用,而 4 000 kW 数据中心实际换热需求预计理论上仅需 7 500 m³/d 的水量换热即可满足要求(为提高换热效果,实际利用水量也不超过 1 万 m³/d),这部分数据中心可实现真正意义的零成本数据中心。考虑到新能源的不稳定性,需要增加储能设施才有可能实现外界零能源输入,这一规模最大的优势在于水厂供电负荷无须大规模地增容,建设难度大大降低。同时以上文计算的污水可增容电负荷的余量(考虑到部分热泵消耗),考虑利用部分外源电能驱动更多的机架,预计最大值约为 8 MW 数据中心,如再增加规模,则需要额外大幅度增加供电容量(存在一定政策风险)。

实际上,只有当增加动力储能调蓄后,污水厂在适当增容后才可形成更大的数据中心收益。例如采用 4 MW 数据中心方案时,如解决太阳能调蓄的问题(生物质能可通过沼气存蓄调节,沼气储罐最大可提升至 24~48 h),可采用动力电池进行储能,目前动力电池成本约 900 元/kW·h,太阳能部分相当于动力蓄能 5 万 kW·h,造价将达到 4 500 万元,如将动力储能规模变大,提升至 9 万 kW·h,采用 8 MW 数据中心,相当于可避开峰值和平时用电,保证数据中心只采用谷值用电,经济性能更有优势。目前来看,这两种规模的系统在能源利用上价格都是比较合理的,由此可以进行技术经济测算:

方案 1:按照 4 MW 数据中心且 1 kW/月租赁费用 1 300 元(深圳值)计算,年回收成本 6 240 万元,而污水厂年处理水量按 1.8 亿 t 计算,相当于吨水 0.347 元,可占全部运行收入的 30%,价值增量非常明显。同时这部分碳汇经测算将可达到 1.5 万 t/年(如数据中心碳汇方法学建立,这部分的碳交易价值可达到 80 万/年),考虑到这部分数据中心用电极少,且房租、人工、设备租赁都可以大幅度减少(图 9.6),预计较传统数据中心可节省成本 60%。考虑到项目低碳属性如作为优先级较高的数据中心,按 100% 上架率计算。2022 年数据中心板块平均毛利率 22.23%,均净利润率 6.76%(图 9.7)。这意味按照这一方案,未来将产生 65% 的利润率(预计 4 100 万元/年),这一数值相当于现有水厂利润的 1 倍左右,经济优势非常明显。

方案 2:按照 8 MW 数据中心且上架率为 97.5% 计算,年回收成本 1.22 亿元,而污水厂年处理水量按 1.8 亿 t 计算,相当于吨水 0.678 元,同时这部分碳汇经测算将可接近 2 万 t/年(如数据中心碳汇方法学建立,这部分碳汇的碳交易价值可达到 106 万元/年),考虑到这部分数据中心一半电量采用谷值电量,另一半采用绿电,且房租、人工、设备租赁都可以较方案 1 进一步降低,预计利润率将为 45%~50%(按 47.5% 计算),即 5 800 万元/年。

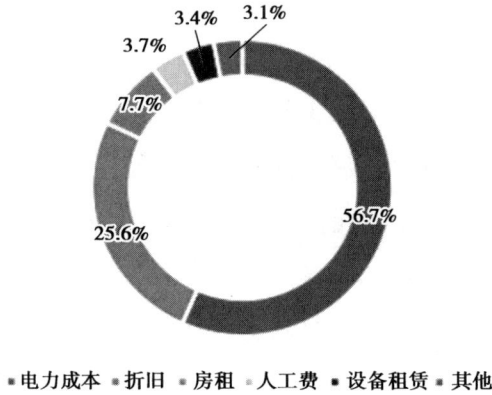

■电力成本 ■折旧 ■房租 ■人工费 ■设备租赁 ■其他

图 9.6　数据中心运营成本构成

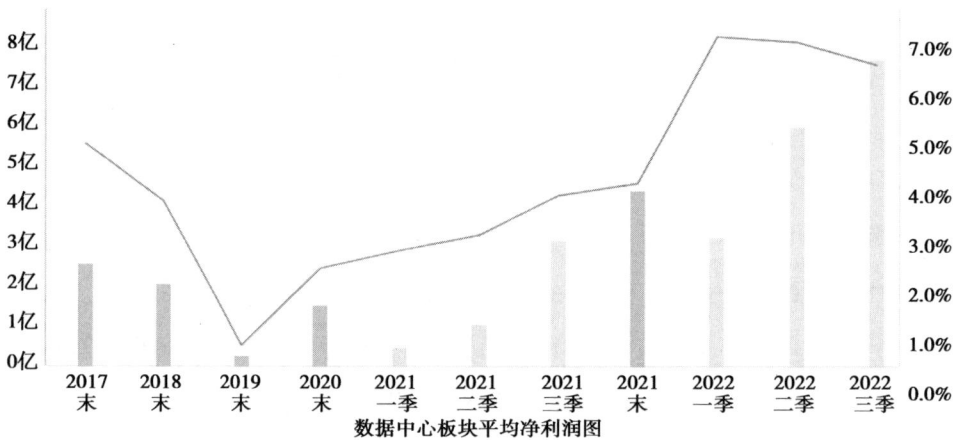

数据中心板块平均净利润图

图 9.7　数据中心平均利润率

方案 1 属于小型数据中心、方案 2 属于中型数据中心,建设难度较低,方案 1 明显收益率更高,但方案 2 总收益将更大,同时建设投资也会有一定的优势能够最大发挥水厂的能源价值。

(3)数据中心碳汇和能源综合利用问题

通过数据中心实现零碳水厂或近零碳水厂是人们预期的目标,关于碳汇计量的问题,目前数据中心碳汇的方法学并没有建立。2023 年 7 月初生态环保部下发了关于公开征求《温室气体资源减排交易管理办法(试行)》

意见的通知,明确减排量可测量、可追溯、可核查,并公开征集资源减排项目方法学建议,成熟一个发布一个,这为未来数据中心碳排交易提供了完美的政策通道。数据中心并不产生直接碳排,主要碳排来自热能和电能的利用,国家对数据中心能耗指标有所要求,以此为基准,可以明确减碳量,并作为交易依据。基于这一要求,必须在项目中构建能源综合管控和计量体系,对于水热能利用、太阳能利用、生物质能利用要实现实时计量,重点实现最佳能源利用方式的管控,最大化碳汇价值,并针对项目特征建立可交易的碳价值体系。根据前文计算,未来碳交易的潜在价值为 4 MW 约 80 万,8 MW 约 106 万,这将开创我国污水处理领域非传统(光伏、沼气)碳汇项目。

此外,为实现能源利用最大化,在能源综合管控方面应构建控制和决策体系,这也将是污水厂能源自给有效利用的新范式,这里面包含热能利用和电能利用两部分:

①在热能利用方面,并不建议在现有池体内进行直接换热(无法利用换出的热能,不利于计量另存在防腐等问题),建议设置单独换热池(或箱、罐),可多组并联形成换热中心,换热中心污水来自前端深度处理工艺之后,废水作为工质,液冷服务器液冷介质二次循环与污水隔绝,经逆流水温增加后通过热泵进行升温做后续污泥消化或干化利用。需要实时对来水水温、服务器温度、换热温度等进行实时响应,并能自动匹配来水流量、热泵 COP 值实现热能最佳利用。因此应构建热能综合利用平台,一方面可对水厂热能进行优化调度,提高能源利用效率,由于热能冗余甚至可以通过以热代电(主要用于污泥处理)大大降低水厂能耗;另一方面,能源综合利用也将降低间接碳排,对水厂实现碳中和意义重大。

②在电能利用方面,应尽可能提升水厂太阳能和生物质能的使用率,一方面可以提升其直接经济和碳汇价值(太阳能和沼气的方法学已有);另一方面是通过蓄能降低用电成本,合理地利用大工业用电的峰谷平差异也会降低用电成本,通过污水厂自身优势,通过蓄电(未来还可开发新型蓄能技

术)可提升"污水厂+数据中心"综合成本的优势,未来甚至可以大幅度降低污水处理运行的能源成本,经济效益显著。

(4)服务器及换热类型选择

早在 2021 年 11 月,国家发改委印发的《贯彻落实碳达峰碳中和目标要求推动数据中心和 5G 等新型基础设施绿色高质量发展实施方案》明确,"到 2025 年,新建大型、超大型数据中心 PUE(电能利用效率)降到 1.3 以下,国家枢纽节点降至 1.25 以下"。2022 年 1 月,国家发改委同意启动建设全国一体化算力网络国家枢纽节点的系列复函中明确要求,国家算力东、西部枢纽节点数据中心 PUE 分别控制在 1.25、1.2 以下。目前冷板式液冷技术可以使数据中心降能降耗,满足国家规定的 PUE 范围,而采用风冷技术的数据中心 PUE 仍多数在 1.4 以上,国内目前数据中心平均 PUE 值仍大于 1.45。

相较而言,风冷服务器技术成熟,造价较低,但能耗很难大幅度降低,而且无法充分发挥污水厂水源优势。风冷系统示意图如图 9.8 所示。近年来液冷服务器的快速发展将对数据中心产生革命性的影响,浪潮信息预测到 2025 年中国液冷数据中心的市场渗透率将达到 20%以上。液冷数据中心换热效率高,对前端水源温度要求更宽,非常适合污水厂的使用,同时由于污水并不直接作用于 IT 元件,因此并不需要担心腐蚀问题。液冷技术路线按技术难度从低到高排序为冷板式液冷、浸没式液冷与喷淋式液冷技术。

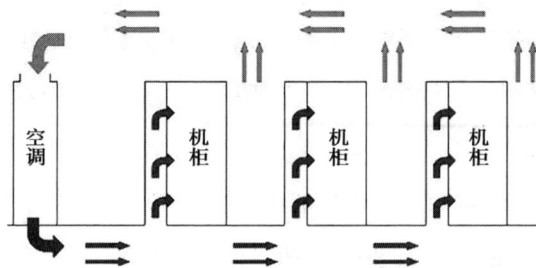

图 9.8 风冷系统示意图

2011 年开始,国内曙光数创便开启液冷技术的探索和研究,以相变浸没液冷技术为核心的生态级一体化大数据中心,其 PUE 值可降至 1.04,整系统能效比提升 30% 以上,目前国内已有 10 余家上市公司进入这一赛道。虽然液冷数据中心相较于传统风冷数据中心初期投资仍要高 10%~20%,但相比于风冷,液冷数据中心无须机房制冷机和末端空调,可以使数据中心的空间利用率、算力密度和运维效率大幅提升,契合数据中心高密化的发展趋势。与此同时,服务器等数据中心核心设备也无须风扇,利用液体代替空气,大幅提升散热效率,有效降低数据中心 PUE 值。例如液冷数据中心单机柜密度超 100 kW,对比风冷提升 10 倍以上。2022 年被誉为国内的"液冷元年",在曙光数创、华为超聚变、阿里云、浪潮信息、宁畅等知名数字基础设施厂商引领下,行业上、下游企业纷纷入局。2022 年以来,包括阿里云、兰洋科技 BLUEOCEAN 等纷纷推出其单相浸没式液冷技术产品。国际方面,英特尔协同产业生态合作伙伴 GRC 部署单相浸没式液冷业务,美国服务器巨头超微已向超算市场提供单相浸没式液冷服务器。液冷技术的研发和布局成为占领大算力时代市场的重要方向。

如图 9.9 所示,基于 IT 机箱的浸没式液冷可极大地简化基础设施的架构,因为 IT 设备可以使用温水进行冷却。入口温度可达 40 ℃(104 ℉),在深圳,这种温度可以采用 100% 的自然冷却而无需热泵。基于 IT 机箱的浸没式液冷架构,在 IT 设备中将增加相关技术和成本支出,这包括:绝缘液、微型泵、管道、热交换器、液冷散热器、防滴漏连接器、密封机箱和机架式分液器。但对于机箱级浸没式液冷而言,可以节省风冷散热器和风扇的成本,液冷机柜在提高 IT 设备功率密度方面具有明显的优势,节省设备占地空间,目前液冷服务器的密度已经可以达到风冷的 10 倍以上。

根据施耐德的数据,制冷系统(传统风冷,包含冷冻水机组、精密空调和冷却塔)在基础设施建设成本中占比通常超过 20%,即使最佳的风冷条件和提高机架密度仍要达到 14% 以上,见图 9.10。液冷系统特别是浸没式液冷系统由于油液价格较高,换热成本会大幅度提升(喷淋式污水厂很难利用),但其换热效率(图 9.11)和机柜密度远高于风冷系统。

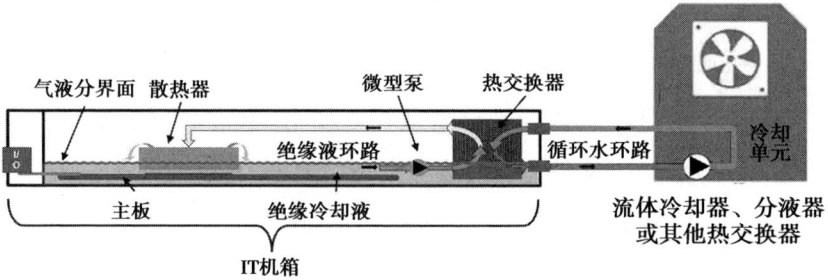

图 9.9　液冷数据中心循环图

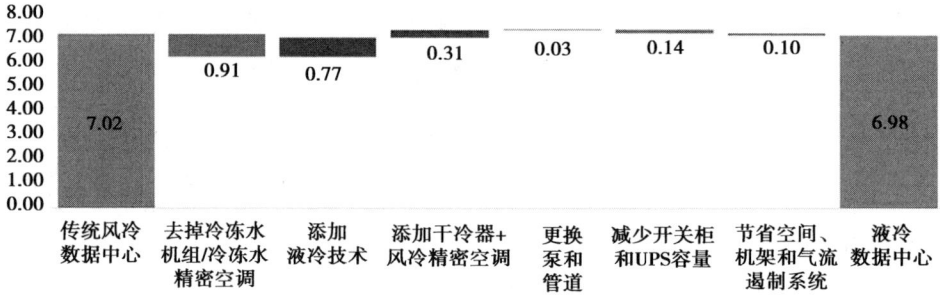

图 9.10　风冷与液冷数据中心建设各部分成本对比

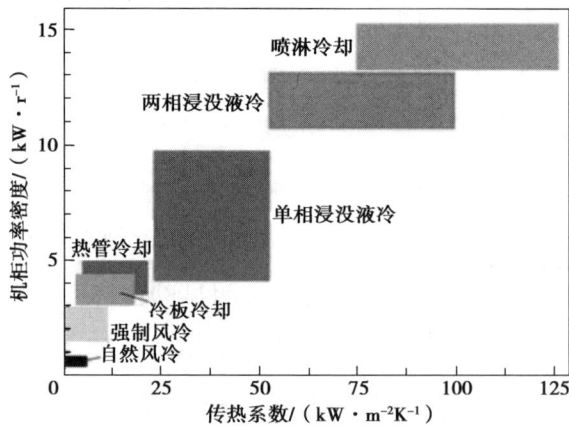

图 9.11　传统数据中心冷却系统造价组成

通过优化液冷系统,预计换热系统可控制成本在整体造价的 30%。与之前液冷数据中心设计不同,污水厂系统将进一步节省用地造价和外部液冷循环造价,但在剩余热能利用上将增加一部分热泵系统,整体成本将不会有变化。为提高热能利用率,污水厂采用的两次热能利用(数据中心降温、数据中心热量补给污泥消化等)需考虑水下换热系统+蓄热池,水下换热系统可采用多级并联换热器,通过流速调节满足最佳换热需求。

9.5　污水厂碳汇收益潜力分析

污水厂处理过程中碳排放是必然发生的,但低碳甚至负碳水厂依然是可能存在的。其根本原因在于污水厂可以实现多种碳汇途径。目前污水厂常用的碳汇途径包括污水厂能源自给、污水厂能源碳补偿、污水厂资源回用等。部分观点认为污水厂的绿化也能带来一定的碳汇补偿,但经测算这一数值微乎其微,因此不作深入探讨。

污水厂能源自给主要依靠生物质能、太阳能、风能等新能源,同时新能源的利用不仅仅是一个简单的能量生产问题,同时也是能源替代、调蓄和优化使用的问题。根据前文叙述,通过对整个水系统进行最大潜力的生物质进行回收,可以实现 $0.178\ 4\ kW \cdot h$/吨水的能源回收,这已经占到整个水厂能源 75% 的消费,并带来 $140\ g\ CO_2/m^3$ 的碳汇,这一部分对于能源自给最为关键。如果不能有效回收水系统的有机物,除非大量投加碳源,否则能源自给率将降低至 1/3 左右,而投加碳源产生碳排放当量更大。从低碳的角度来讲,应尽可能优先满足脱氮碳源。实际上不同地区的水温差异和气候特征也会对消化产生极大的影响,目前我国严寒地区生物质能的提取非常困难,而亚热带热带地区生物质能产量更高,即使这样,其不同季节生物质能产出效率也不尽相同。因此热能的补偿是实现严寒地区生物质能释放的关键,利用热泵等技术保持生物质能稳定输出,是未来低碳甚至碳汇水厂实现能源自给的关键。除生物质能,光伏是近年来对水厂能源补充最多的新能源方式。光伏也有很大的不稳定性,同时受污水厂体量影响,根据我国规范规定,目前分布式光伏上限为装机容量 6 MW,超过 6 MW 则为集中式光伏系统。我国《光伏发电站设计规范》(GB 50797—2012)规定:

$$E_P = H_A \times \frac{P_{AZ}}{E_K} \times K \tag{9.2}$$

式中　H_A——水平面太阳能总辐照量,kW·h/m²,峰值小时数;

　　　E_P——上网发电量,kW·h;

　　　E_K——标准条件下的辐照度,常数 = 1 kW·h/m²;

　　　P_{AZ}——组件安装容量,kWp;

　　　K——综合效率系数。

我国地域分布广泛,但大部分污水厂的 H_A 为 1 400~2 200 h/年,均值以1 800 h 进行测算,而综合效率系数随着地理特点以及光伏安装等有较大的变化,实际为 0.75~0.85,污水厂考虑到水蒸气等特殊条件影响,按 0.75 计算。因此每兆瓦装机容量预计全年可发电 135 万 kW·h,但部分地区仅能达到 105 万 kW·h,而光伏条件好的地区可达 176 万 kW·h 以上。

我国污水厂安装光伏的潜力通过相应用地参考指标,目前鼓风曝气的活性污泥工艺吨水平均占地 0.8 m²/m³ 污水(1 万 t 以下将超过 1 m²/m³ 污水,20 万 t 以上一般小于 0.7 m²/m³ 污水,万吨以上污水厂均值为 0.6~0.9 m²/m³)。郝晓地在对比国内主要水厂主要构筑物占地面积时,认为均值为 1 402 m²,实际上由于选择的水厂多为推流式大型水厂,数据略有偏低,同时考虑到实际光伏面积可以在主体构筑物外侧有一定的延伸,实际万吨水预计可达 1 600 m²,同时水厂部分附属建构筑物、部分绿化和堆放场等也都可以一定程度上设置光伏设施,预计水厂实际可辐射光伏面积约占1/3,则每万吨水预计将有 2 666.7 m² 安装光伏面积。按照目前市场上主流品牌的组件转换效率,晶硅组件每 1 m² 的功率基本都在 200 Wp 以上,为了方便计算,都取 200 Wp/m²。根据调研,目前已安装光伏的水厂其面积可取系数多为0.5~0.64,如按照 0.57 计算,则可达到 114 Wp/m²,每万吨水光伏预计可以实现0.304 MW的装机容量,按均值计算全年可发电 41 万 kW·h。按满负荷计算,折算污水厂能源补给 0.112 kW·h/m³,这已经满足目前水厂能耗的31.5%。这一数值与目前实测数据基本吻合(以典型水厂为例),也可达到水厂节能最佳能耗0.238 kW·h/m³的47%,加之生物质能的利用,理论上仅此两项未来在低碳水厂中水厂能源自给率可实现122%。

风能在水厂中的应用尝试已有很多案例,但风能可靠性差,装机容量有限。以风力发电厂的要求来看,只有在年平均风速 5 m/s 以上,30 m 高处有效风力时数 6 000 h 以上,有效风能密度达到 240 w/m² 才具备大型风场条件,这在污水处理厂中几乎是不可能的。小规模风力发电应用一般较为零散,部分水厂小规模装机容量仅有几百千瓦,其实际发电比率更低,即使有条件的水厂,其风力发电占比未来也很难超过 10%,而均值可能不足 3%,考虑到效费比,其并不会被大规模应用。

但在很多高纬度高寒地区,生物质能会有很大程度的折减(按0.7 计,已考虑热泵补充),同时污水厂极限能耗将提高近 7%(曝气效率降低),光伏下降15%,但其污泥处置路径可通过冻融等符合当地特色的工艺回收更多的碳源并降低能耗。虽然污水厂实际能源自给率将仅为(0.7×0.75+0.47×0.8)/1.1=86.4%,但还能降低一部分污泥处置碳排放,而部分温度较好、光伏条件好的地区能源自给率可达 135%以上。在忽略风能应用的前提下,未来我国并不是全部水厂都可以实现能源自给,但根据我国气候分布情况,未来 95%以上的污水厂具备能源自给的条件,甚至很多水厂将有很大的电能反哺空间。按平均值计算,122%的能源自给将带来 228 g CO_2/m³ 的碳汇。这里面有一个很重要的问题,即除生物质能外,太阳能和风能不确定性极大,污水厂能源自给的关键在于蓄能,同时必须要有一定的余量驱动热泵工作才能产生更大的碳汇收益。根据相关研究测算,污水中蕴涵的潜能是非常巨大的,其中大部分为热能(按 $\Delta t = 6\ ℃$,$7.5\ kW \cdot h/m^3$ 计算)。水源热泵碳减排量可根据等量燃煤锅炉以及空调消耗的化石能源碳排放量计算,如式(9.2)、式(9.3)所示。

$$M_{CO_2,H/C} = A_{H/C} \times \left(\frac{1}{\alpha_{H/C}} - \frac{1}{\delta \times COP_{H/C}} \right) \times EF_{CO_2} \qquad (9.3)$$

$$A_{H/C} = A \pm \frac{A}{COP_{H/C} \pm 1} \qquad (9.4)$$

式中　$A_{H/C}$——热泵理论供热量/制冷量,kJ/m^3;

　　　A——污水余温可利用的热量,与提取温差有关,kJ/m^3;

　　　$COP_{H/C}$——水源热泵供热/制冷能效比,供热时为 1.77~10.63,取3.5,制冷时为 2.23~5.35,取4.8;

　　　$M_{CO_2,H/C}$——热能利用碳减排量(下标 H/C 分别为供热/制冷工况),$kgCO_2\text{-}eq/m^3$;

　　　$\alpha_{H/C}$——当热能利用用于供热时,α_H 为燃煤锅炉房供热效率(同时考虑管网输送效率),一般为 55%~75%,取 60%,当热能利用用于制冷时,$\alpha_C = \delta \times COP_A$,$COP_A$ 为空气源热泵制冷能效比,一般为 2.8~3.4,计算取 3.4;

　　　δ——热电转化效率(同时考虑电能输送损失),一般为 35%~50%,取 35%;

　　　EF_{CO_2}——燃煤 CO_2 当量排放因子,取 96.10 $kgCO_2\text{-}eq/GJ$。

计算余温热能碳额时,水源热泵提取温差取 4 ℃,则水源热泵供热/制冷量分别为 23 408 kJ/m^3 和 13 837 kJ/m^3,理论供热/制冷碳额为 1.91/0.33 kg CO_2/m^3 的碳汇。可以看出,供热远比供冷碳汇更为明显,但热能仍要消耗一定比例的电能,可采用水厂超量自给电能补充热泵,按 COP 值为 4~5计算,污水厂剩余能源并不足以驱动这么多热能的利用,超量22%的电能理论上能满足约 200 g CO_2/m^3 的碳汇需求,这部分能量尚需满足消化热能补给以及污泥干化的热替代,剩余部分可用于供冷或供暖,预计实际能够产生的碳汇仅有 140 g CO_2/m^3(以 70%计),加之能源自给产生的碳汇,预计实际处理将仍有 70 g CO_2/m^3 的碳排放。

如果外购一部分电能,充分发挥冷/热源利用,则可解决水厂碳中和的问题。以我国平均情况计算,如实现 40%供暖进行热替代,60%供冷用于空调或设备降温,则实际碳汇将达到 964 g CO_2/m^3,减去外购用电碳排放以及提升成本(折减 1/3)等,仍将达到 642 g CO_2/m^3 以上,加之能源自给的碳汇,则水厂碳汇将达到 435 g CO_2/m^3,可实现 200%的碳中和目标。即使在很多高纬度地区,核算后其仍可实现碳汇超过 280 g CO_2/m^3,而在很多应用条件好的区域,甚至可实现超过 600 g CO_2/m^3 以上的碳汇。此外,如果采用污泥碳封存以及数据中心碳汇技术,还可额外产生 500 g CO_2/m^3 以上的碳汇(其中污泥碳封存可占 40%,数据中心降温占 60%)。如果依据回用水的用途差异,回用水全生命周期也会产生一定的碳汇,将极大提升水厂总碳汇值,这意味着以现有水厂 592 g CO_2/m^3 计算,未来碳汇水厂基于 CCES 将产生 1 427 g CO_2/m^3 以上的价值,其交易价值可达 0.071 元/吨以上。

第10章
碳汇的污水处理新业态

10.1 智慧化碳汇水厂的经济价值分析

据统计,"十三五"期间我国城市排水平均年固定资产投资接近 1 600 亿元,城市污水处理率已达 97.53%,城市排水管网长度达 80 多万 km,2020 年城市及县城污水处理厂共 4 326 座,这一数据在 2009 年只有不到 1 900 座,污水处理能力已经接近 2 亿 m³/d。在"绿水青山就是金山银山"的理念指引下,污水处理行业曾一度受到资本市场的追捧,我国资本市场中甚至有 3% 的公司都是以环保概念上市的。但近 3 年来,各水务公司利润率逐年下降(目前平均已不足 10%),多家公司污水处理板块遭遇经营危机,行业亟待找到新的价值出口。根据上文研究,以低碳甚至碳汇目标构建水厂,可以实现能源自给,产生大量的碳价值,那么有必要确定这对污水处理运营有多大的贡献。

从目前污水厂成本核算来看,以国内污水处理厂平均处理量 4.8 万 t,5 万 t 污水处理厂作为标准模板,年水量约 1 752 万 t(按日均处理量 4.8 万 t 计),年收费约 2 032.3 万元(按平均水价 1.16 元/吨水),其中期财务成本约 569.3 万元(投资 1 亿元,按 PPP 周期 30 年亚行低息贷款 1.8% 计算),含水率为 80% 的污泥有 1.27 万 t,污泥处置以外运干化填埋计算(运输平均成本约 50 元,平均干化+填埋费用为 210 元)330.2 万,电费 0.355 kW·h/m³,平均电价 0.86 元/(kW·h)，约 534.9 万元，人员成本约 210 万元，检修和维护成本 0.03 元/m³，合计年 52.6 万元，药剂成本约 0.05 元/m³，合计 87.6 万元，其他成本约 0.03 元/m³，合计 52.6 万元（包含化验、在线监测、安全管理、采暖等），合计 1 836.2 万元，利润仅有 195.1 万元（含税），碳排放预计 592 g CO_2/m³。

未来污水厂低碳化改造后，不考虑水系统碳源回收，实现光伏覆盖、节能、改造污泥处置方案，平均造价提升约 20%，财务成本增加至 683.2 万元，人员成本降低 5% 左右，预计 200 万元。虽然增加了光伏等系统，但污水厂自动化程度提升，检修和维护成本降低 5% 至 50 万元，药剂成本中碳源几乎不再投加，但污泥处置药剂消耗升高，成本降低 60% 至 35 万元，其他成本通过智慧化管理和热能替代降低 20% 至 42 万元。污水厂电费按 0.238 kW·h/m³ 计算，其中光伏可替代 1/3，生物质能可替代 1/3 以上，加之少了其他新能源的利用，总体能量自给率约可达 67.5%，但预计仅有 2/3 可被进行直接能源替代，其余 55% 将以上网形式增收，另有 45% 作为热泵能源获取碳汇（一部分反哺社会增收 18.3 万元），则能源成本降低至 197.2 万元，同时以上网电价 0.14 元/(kW·h) 计算，可获得 7.3 万元收益。由于改善了污泥处置路径，充分利用了热能替代，污泥处置成本降低 25%，预期 247.2 万元。预计污水厂碳排放可降低至 435 g CO_2/m³，考虑到能源替代以及碳补偿碳汇（分别为 102.8 g CO_2/m³ 和 93.4 g CO_2/m³），预计总碳排放可降低至 238.8 g CO_2/m³，通过降碳每年可实现 CCER 碳价值 6 188.1 吨，相当于 30.9 万元。假设水价不变，则污水厂实际收入将增长为 2 088.8 万元，利润将达到 634.2 万元（含税）。

基于目标碳汇打造的未来水厂，将实现水系统能源回收，充分能源自给与碳补偿，并实现污泥碳封存。预计平均造价提升约 40%，财务成本增加至 797 万元，人员数量减少 1/3，但单位人工成本提高，综合成本降低 10% 左右，预计 190 万元，检修和维护成本较传统水厂降低 5% 至 50 万元，药剂成本中碳源、消毒剂等不再投加，污泥处置药剂降低，成本降低 70%

至 26.3 万元,其他成本通过智慧化管理和热能替代降低 20% 至 42 万元,污水厂电费按 0.238 kW·h/m³ 计算,由于可达到 122% 的能源自给率,电费成本为 0,剩余部分电能供给热泵提升污水厂内冷热能综合利用以及能资源碳补偿效能,预计综合收益可达 0.2 元/m³ 以上(仅剩余能源驱动热泵利用即可达0.033元),综合收益达 350.4 万元。污泥采用了碳封存技术,单位污泥处置成本降低 30%,预期 231.1 万元。预计污水厂将产生 1 427 g CO₂/m³ 碳汇,通过碳交易年可实现收益 125 万元。假设水价不变,则污水厂实际收入将增长为 2 507.7 万元,利润将达到 1 171.3 万元(含税)。而以典型 60 万 m³/d 污水厂测算,不同模式污水厂的工艺路线碳排放差异对比见表 10.1,经济差异对比见表 10.2。

表 10.1 不同模式污水厂碳排放差异对比

模式\指标	传统水厂	低碳模式水厂	碳汇水厂
能耗指标(kW·h/t)	0.355	0.238	<0.238
能源自给率	<10%	67.5%	>122%(具备能量调蓄)
能源来源分布	传统电能、少量新能源	生物质能、太阳能、水热能、传统电能	生物质能、太阳能、水热能、蓄能释放
吨水碳排放	592 g CO_2	238.8 g CO_2	>-1 427 kg CO_2
排放重点	脱氮、污泥处理处置、动力系统	脱氮、污泥处置	脱氮
脱氮路线	传统硝化反硝化为主,外加碳源	污水厂内碳源挖掘,测流厌氧氨氧化	水系统碳源挖掘、测流厌氧氨氧化、无机脱氮等
污泥处理	深度脱水、部分厌氧消化	碳源回收、高效产甲烷、深度脱水	碳源综合利用、高效产甲烷、低能耗脱水
污泥处置	填埋、焚烧等	干化+部分资源化	碳封存

续表

模式 指标	传统水厂	低碳模式水厂	碳汇水厂
碳补偿	极少	水资源、冷源热源、新能源上网	城市蓄能站、能资源供给
碳中和比例	8%	降碳40%	>240%

表 10.2　不同模式污水厂经济指数对比

项目	现有水厂 （万元/年）	低碳水厂 （万元/年）	碳汇水厂 （万元/年）
污水厂收入	2 032.3	2 088.8	2 507.7
污水处理费用	2 032.3	2 032.3	2 032.3
碳补偿收益	0	25.6	350.4
碳收益	0	30.9	125
污水处理成本	1 837.2	1 454.6	1 336.4
财务成本	569.3	683.2	797
电费	534.9	197.2	0
污泥处置	330.2	247.2	231.1
人工成本	210	200	190
维护成本	52.6	50	50
药剂成本	87.6	35	26.3
其他成本	52.6	42	42
利润（含税）	195.1	634.2	1 171.3
利润率	9.60%	30.36%	46.71%

从表 10.1、表 10.2 可知，未来低碳及碳汇水厂将从根本上改变行业利润

率及价值出口。即便不考虑动态水价调整,在低碳水厂阶段,行业平均利润率也可超过 30%,如到碳汇水厂阶段,利润率更将实现超过 45%。更为关键的是,污水厂不再是公益性资源成为政府购买服务的财政负担,而将作为整个社会循环的关键节点成为城市能源调蓄站和能资源制造厂,甚至部分高能耗产业将围绕污水厂进行重新规划,而在整个污水厂低碳化甚至碳汇化构建过程中,保守估计将带来 2 500 亿元的投资(按我国目前污水厂当前价值 5 000 亿测算,新建投资增加 40%,而改造投资预计增加 50%)。以此为契机,污水处理行业将形成良性的发展,对整个行业意义深远。

10.2 典型智慧化低碳水厂运行案例分析

10.2.1 国内污水厂碳中和举措

(1)郑州马头岗污水厂案例

中原环保股份有限公司马头岗污水厂西门子(中国)、河南智慧水务有限公司等合作,利用数字孪生技术、3D 建模、虚拟现实、物联网和云计算技术,构建规模庞大的污水厂虚拟模型,结合真实感强烈的视图和快速导航功能,使虚拟水厂的仿真和实际水厂的运行无缝融合,协助工程师在三维环境下进行污水厂运维管理、资源信息管理、员工沉浸式培训等工作。在污水厂的全生命周期中,利用前期设计、施工、运维等阶段的数据实现三维建模,构建污水厂各处理单元的设备、管道、仪表等模型,还原污水厂现场。以实际污水厂为蓝本,采用工艺仿真、自控仿真和三维可视化技术,构建三维虚拟水厂,整合设备的静态数据和运行的动态数据,实时、快速反映污水厂现场的任何细节,使虚拟水厂的仿真和实际水厂的运行无缝融合,这一技术可以将我们挖掘的数据实现功能化和价值化,将污水厂过去、现在和未来的状态进行直观呈现和模拟分析。同时利用虚拟水厂灵活可变的特点促进实际水厂的优化升级,实现水质预测、水量预测、生化分析、物料平衡、运行调整、设备维护、故障诊断等功能,为达到污水厂运行稳定、出水达标、节能降耗和管理高效的目标提供支撑,提供实时数字化平台,实现数字化管理。运维阶段可以跨越整个工厂生命周期的所有数据的单一通用基础。即使面对非常庞大的数据量,通过这一技术,也能随时实现逼真的 3D 可视化,有助于做出更好的决策,提升运营安全,有益于所有利益相关方。马头岗污水厂核心智慧化低碳工作在于以下几点:

①建立污水处理厂碳排放核算标准技术路径,获取污水处理碳排放相关基础参数。

针对目前污水处理厂碳排核算方法面临的核算主体不明确、核算方法不标准、基础数据不够完善等情况,本项目利用系统化、数学化思维,经过物流—能流—水流计算过程,结合处理工艺流程两个角度来界定污水处理厂的碳排放边界条件,厘清污水处理厂的碳排放点和碳归趋途径;并结合直接实测法、排放因子法、质量平衡法、碳足迹法、模型法等常见的碳排核算方法,建立一套涵盖污水处理系统全过程的碳排方法,并将其应用在不同类型的污水处理工艺中,获取了具有代表性的污水处理碳排放相关基础参数。

②开发实时精准计量污水处理系统碳排放量的软件。

本项目中涉及多学科打通,将碳的循环的认知多维化,将元素碳、生物代谢碳、化学能源碳、数学建模的碳、经济学的碳、社会学的碳进行关联并准确定义;建立多维度数据融合及碳计量方法,基于数据打通基础,补充污水处理系统多维基础数据,建立污水处理系统底层传感体系和算法实现碳计量。研发基于底层数字模型和污水处理厂工艺数字模型的碳中和软件系统,基于在线采集数据及数字孪生模拟数据,实现污水处理厂实时定量展示污水处理系统及污水处理厂的碳排量,指导污水处理低碳技术的运用,降低污水处理系统碳排量。在本项目中,从模型到产品应用跨度比较大,底层模型与上端功能化之间需要多技术的融合,未知条件对精度有何影响存在不确定性。

③建立污水处理厂碳排放数据智能化管理平台。

本项目针对碳排放数据的共享及数据挖掘等,引入区块链技术及智能融合技术、数据挖掘技术等来保障数据共享过程中高隐私性、高性能存储、多源数据交叉验证与智能融合,以提出碳排放数据可信存证、可控共享及穿透式监管方法,碳排放数据智能化管理平台的建设为全国范围内的污水处理厂的碳排放管理及碳资产交易提供相应的技术支撑和示范应用。

④建立面向碳中和的污水处理厂碳减排技术包。

本项目基于碳指标约束条件下的污水处理工艺的设计与运维,创新性地结合碳排实时计量、污泥内碳源利用、活性自持深度脱氮技术等深度减碳技术,集成污水处理厂低碳运行技术解决方案包,为水厂碳中和升级改造提供支持。

(2)睢县第三污水厂案例

睢县三污的规划和建设遵循"水质永续、能源回收、资源循环、环境友好"的原则,是未来概念水厂的 1.0 版本。该厂于 2019 年 1 月正式投产,处理能力为近期 2 万 m³/d,远期 4 万 m³/d,处理工艺为"预处理+初沉发酵池+多段 AO+二沉池+深度反硝化滤池+臭氧接触池",出水部分作为利民河补水,部分用于打造湿地和海绵城市试验区,使建筑、景观与水资源在生态关系链接中和谐交融。

为实现内部碳源的高效利用,该厂引入了初沉污泥水解、多点进水的多段 AO 工艺等技术。此外,厂区还配套了一座近期 50 t/d、远期 100 t/d 的生物有机质中心,采用工艺为"叠螺脱水+DANAS 干式厌氧发酵",可实现污泥、餐厨垃圾与畜禽粪便的协同处理,产出的营养土用于绿化或土壤改良,沼气用于厂区发电,峰值可实现节电 50%以上,全厂平均能源自给率达到

40%以上。

（3）郑州新区污水处理厂碳中和举措

该厂一期于 2016 年投产，目前处理规模为 65 万 m³/d，正在扩建 35 万 m³/d，将于近期进入百万吨级污水厂行列。一期处理工艺为"预处理+初沉池+A²/O+二沉池+混凝+高效沉淀池+V 形滤池"，其中主工艺单元通过增加厌缺氧停留时间、多点进水和精确曝气等方式，可在较低进水碳氮比、不加外碳源的情况下实现出水总氮的稳定达标。扩建后，还将配套建设 100 万 m³/d 活性焦吸附深度处理工艺，将达到准Ⅲ类水排放标准。

污泥处理目前采用"浓缩脱水+厌氧消化+离心脱水+热干化"工艺，同时，还建有光伏系统及国内首个 1 000 t/d 的污泥热解焚烧工艺，以创新的方式实现了污泥的减量化处理和多种形式的能源利用。

（4）洛阳市瀍东污水处理厂案例

北控水务下的瀍东污水处理厂（图 10.1）从"水质永续、资源循环、环境友好、能源利用、低碳运行"这一行业低碳概念厂的机理出发，打造了唯一一个由专家实地核验的首批城镇污水处理低碳运行的案例。水质循环上，其通过高度耐冲击的工艺设计和高度自适应的弹性运行操控，出水水质稳定达到"准Ⅳ类水质"；资源循环上，其对出水进行厂区回用并供给华润首阳山电厂用作循环冷却水，以及用于生态补水；污泥脱水后进行好氧堆肥资源化利用，用于园林绿化；环境友好上，其对污泥、噪声、臭气实施有效控制，并精妙设计建筑、园林、互动设施；能源利用上，其布置光伏发电，提供能源自给率；低碳与逆行上，其通过工艺优化、节能技改、光伏利用、精益管理、智慧运行，实现污水厂的低碳运行；通过水、肥资源的持续输出，实现资源循环利用，成为内外兼修的"低碳标杆水厂"。

目前国内已有数百家污水厂进行了光伏改造，极大降低了间接碳排。例如长沙首个污水处理厂分布式光伏发电项目，主要是利用污水处理厂氧

图 10.1　洛阳市瀍东污水处理厂项目

化沟和沉淀池上方 4.5 万 m² 空间,安装光伏组件,项目总装机容量 4.2 MW,采用"自发自用、余电上网"模式,每年可提供约 400 万 kW·h 绿色清洁电能,满足长善垸污水处理厂约 25% 的用电需求。该项目所发电量相当于每年节约标准煤 1 320 t,减排二氧化碳 4 012 t,降低碳粉尘排放 1 094 t。南京市第一家拥有光伏发电站的污水处理厂,厂内安装了近 4 000 块高效多晶硅光伏组件,同样采用的是"自发自用,余电上网"模式管理,平均每年可发电约 95 万 kW·h。王小郢采用"自发自用、余电上网"模式,其中 90% 以上可被污水处理厂就地消纳。该项目每年可提供约 1 200 万 kW·h 绿色清洁电能,相当于每年节约标准煤 3 936 t,减排二氧化碳 11 965 t,降低碳粉尘排放 3 264 t。未来我国污水厂全面进行光伏改造后,预计可以减少污水厂间接碳排 20% 以上。

10.2.2　国外污水厂碳中和举措

（1）阿姆斯特丹西污水厂

阿姆斯特丹西污水厂的特点在于污水厂和焚烧厂共生。污水厂使用传统的污泥厌氧消化系统,沼气年产量约 1 200 万 m^3,供用给隔壁的废物焚烧厂。污水厂的污泥也在此得到焚烧处理。焚烧厂的热值利用率高达 90%。除了处理污水厂的污泥,焚烧厂还为污水厂供应电力(20 000 MW·h/年)和热水(85 000 GJ/年)。此外,还有剩余的电力和余热并入阿姆斯特丹的绿色电网和供暖系统。该厂堪称协同处理实现能量自给并盈余的典范。同时,该厂在 2013 年还安装了磷回收设备。

(2)Garmerwolde 污水厂

Garmerwolde 污水厂同时应用了厌氧氨氧化工艺、好氧颗粒污泥工艺,以及厌氧消化工艺来处理污泥,回收能源能覆盖厂区 60%~70% 的电耗。分别在 2005 年引入 SHARON 测流脱氮工艺以及在 2013 年引入好氧颗粒污泥工艺后,运行显示,好氧颗粒污泥的能耗显著低于 AB 法工艺,显著降低能耗。

(3)Epe 污水厂

2011 年,荷兰第一座好氧颗粒污泥污水厂在 Epe 污水厂投产使用。同时,它又是第一座从纯市政污水中回收藻酸盐的城市污水厂,回收的藻酸盐不仅可以应用于涂层材料等,同时还会减少污水厂的污泥处理量(Zutphen 污水处理厂的污泥处理量减少 20%~35%)。

(4)泰晤士水务公司

泰晤士水务公司与英国东南部泰晤士河畔金斯顿地方委员会准备协作推进"粑粑能源"(Poo power)计划,从 Hogsmill 污水处理厂 1/3 的出水中回收余热,预计 30 年服务期内每年可回收高达 7 GW·h 热能,相当于 30 年中可减少约 10.5 万 t CO_2 排放当量。

(5)德国 Steinhof 污水处理厂

德国 Steinhof 污水处理厂已实现碳中和率达 114%。该厂实现碳中和目标的主要原因在于进水中 COD 浓度较高(约 966 mg/L),远超污水脱氮除磷基本需要,进而导致其厌氧消化能源转化份额较高,其剩余污泥厌氧消化产甲烷热电联产实现碳减排 79%。进一步依靠出水及污泥输送至农田灌溉施肥等方面共同碳减排 35%,最终实现碳中和目标。

①污泥厌氧消化产 CH_4 热电联产。

Steinhof 污水处理厂充分利用剩余污泥蕴含的能源,大大减少对外部能源的消耗,从而减少间接碳排放量。该厂采用剩余污泥厌氧消化产生甲烷(CH_4)+热电联产(CHP)方式回收电能和热能。初沉污泥和经浓缩的剩余污泥(510 m^3/d)被混合后送入到消化池中。在 38 ℃ 中温条件下,污泥经厌氧消化产生生物气体。消化池平均生物气产量为 $4.47×10^6$ m^3/年,其中甲烷含量为 63%。厌氧消化产生的生物气经活性炭净化后输送至 CHP 单元,生物气在此处被转化成电能和热能,产能效率分别为 36.7% 和 40%。CHP 每年产电量为 10 300 000 kW·h,产热量为 11 200 000 kW·h。在不考虑出水土壤下渗处理和农业灌溉输送耗能的情况下,则其产生的电能完全可以满足全厂用电量(10 008 432 kW·h/年),并有 3% 的富余电量。CHP 产热不仅能够全部满足中温厌氧消化加热所需的热能,还有一半多的余热剩余(5 857 495 kW·h/年)。此外,为了提高 CH_4 的产量,该厂还对污泥进行热解预处理,并引入厂外有机质来强化厌氧消化 CH_4 生成。通过对污泥、青草热水解采用中试规模实验,可以发现甲烷产率明显提高。此外,通过引入牧草、洋姜叶等共基质,也可部分提高消化后生物气中的 CH_4 含量。

②出水和污泥送至农田中灌溉及施肥。

在春、夏季时,Steinhof 污水处理厂将 45% 的出水通过专用场地土壤下渗,在土壤天然化学(过滤、吸附)作用和生物(硝化、反硝化)作用下进一步净化。剩余 55% 的出水(12 175 488 m^3/a)和处理稳定后污泥在厂内混合后输送至农业灌溉区,用作灌溉水及肥料。冬季时,所有出水均通过土壤渗透后排入地表。而消化污泥由于农闲,不再用作农业施肥,而是单独进行磷回收处理。在消化污泥脱水之前,首先添加 $MgCl_2$,并采用吹脱方法(吹脱 CO_2 以提高 pH 值)生产鸟粪石/磷酸盐化合物。回收时,磷酸盐化合物不需要再从污泥中分离,而是直接将含有鸟粪石/磷酸盐化合物的污泥直接脱水后放在厂区储存,待夏季农业生产期再运送至其他土地(非出水灌溉区)用作农用肥料。试验结果表明,污泥消化液中 70% 的溶解性磷酸盐均可在 pH = 7.8(无须投加化学药剂)的条件下形成沉淀。

Steinhof 污水处理厂碳排放量及碳减排量如图 10.2 所示。该厂因能耗所致碳排量总计为 37.5 kg CO_2 当量/(人口当量 COD·a)。碳减排量分别由以下 3 部分构成:

a.利用厌氧消化产生的 CH_4 发电、产热折算的碳减排量(79%);

b.出水/污泥中营养物质(N、P)回用农业生产导致的碳减排量(28%);

c.出水农业灌溉导致的减少地下/地表水抽取能耗折算碳减排量(7%)。

由图 10.2 可知,Steinhof 污水处理厂净碳排量为 -5.25 kg CO_2 当量/(人口当量 COD·a),导致碳中和率高达 114%。这就是说,Steinhof 污水处理厂不仅能够完全实现碳中和运行目标,而且每年还可额外减少 14% 的碳排放量。

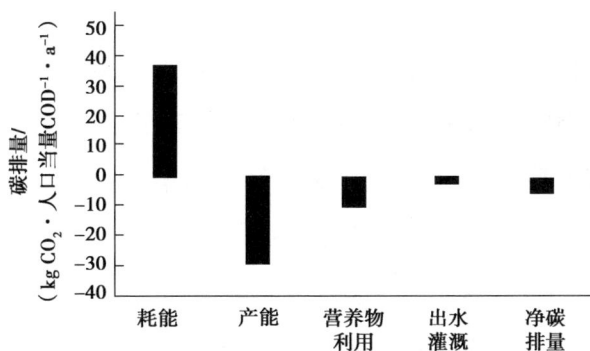

图 10.2　Steinhof 污水处理厂碳排放量

参考文献

[1]王灿,张雅欣.碳中和愿景的实现路径与政策体系[J].中国环境管理, 2020,12(06):58-64.

[2]陈敏磊.国内外污水污泥系统温室气体排放研究方法[J].环境工程, 2013,31(S1):316-320.

[3]王爱杰.知播·科学家访谈|王爱杰:污水处理系统碳中和——行动与思考[J].环境工程,2021,39(12):243-244.

[4]郝晓地,金铭,胡沅胜.荷兰未来污水处理新框架:NEWs及其实践[J].中国给水排水,2014,30(20):7-15.

[5]郝晓地,赵梓丞,李季,等.污水处理厂的能源与资源回收方式及其碳排放核算:以芬兰Kakolanm(a)ki污水处理厂为例[J].环境工程学报, 2021,15(9):2849-2857.

[6]郝晓地,程慧芹,胡沅胜.碳中和运行的国际先驱奥地利Strass污水厂案例剖析[J].中国给水排水,2014,30(22):1-5.

[7]郝晓地,魏静,曹亚莉.美国碳中和运行成功案例:Sheboygan污水处理厂[J].中国给水排水,2014,30(24):1-6.

[8]郝晓地,张益宁,李季,等.污水处理能源中和与碳中和案例分析[J].中国给水排水,2021,37(20):1-8.

[9]郝晓地,黄鑫,刘高杰,等.污水处理"碳中和"运行能耗赤字来源及潜能测算[J].中国给水排水,2014,30(20):1-6.

[10]Szatyłowicz E, Skoczko I, Puzowski P. Method of estimating the carbon

footprint of wastewater treatment plants [J]. Environmental Sciences Proceedings, 2021, 9(1): 30.

[11]王洪臣.排水与污水处理行业应找准碳减排着力点[EB/OL].(2021-10-11)[2023-12-10].

[12]FARAGÒ M, DAMGAARD A, MADSEN J A, et al. From wastewater treatment to water resource recovery: Environmental and economic impacts of full-scale implementation[J]. Water Research, 2021, 204: 117554.

[13]李乔洋.基于碳减排分析的我国城镇污泥处置现状及发展趋势研究[D].哈尔滨:哈尔滨工业大学, 2020.

[14]HAO X D, LI J, VAN LOOSDRECHT M C M, et al. Energy recovery from wastewater: Heat over organics[J]. Water Research, 2019, 161: 74-77.

[15]KUMAR A, THANKI A, PADHIYAR H, et al. Greenhouse gases emission control in WWTS via potential operational strategies: A critical review[J]. Chemosphere, 2021, 273: 129694.

[16]MO W W, ZHANG Q. Can municipal wastewater treatment systems be carbon neutral? [J]. Journal of Environmental Management, 2012, 112: 360-367.

[17]黄冬, 蒋松竹, 刘秀红, 等. 我国城市化粪池建设与管理现状及特征研究[J]. 环境卫生工程, 2017, 25(6): 84-88.

[18]ZAWARTKA P, BURCHART-KOROL D, BLAUT A. Model of carbon footprint assessment for the life cycle of the system of wastewater collection, transport and treatment[J]. Scientific Reports, 2020, 10(1): 5799.

[19]MIKOLA A, HEINONEN M, KOSONEN H, et al. N_2O emissions from secondary clarifiers and their contribution to the total emissions of the WWTP[J]. Water Science and Technology: a Journal of the International Association on Water Pollution Research, 2014, 70(4): 720-728.

[20]郝晓地,杨文宇,林甲.不可小觑的化粪池甲烷碳排量[J].中国给水排水,2017,33(10):28-33.

[21]许洲.特大型污水处理厂沿程氮分布规律研究[J].中国给水排水,2015,31(21):77-80.

[22]付加锋,冯相昭,高庆先,等.城镇污水处理厂污染物去除协同控制温室气体核算方法与案例研究[J].环境科学研究,2021,34(9):2086-2093.

[23]郭恰,马艳.基于质量平衡法的污泥处理处置工艺碳减排量核算分析[J].净水技术,2019,38(10):107-111.

[24]张岳,葛铜岗,孙永利,等.基于城镇污水处理全流程环节的碳排放模型研究[J].中国给水排水,2021,37(9):65-74.

[25]张辰.再谈城镇污水系统碳排放研究[EB/OL].(2021-10-13)[2023-12-10].

[26]柯水洲,莫祺扬,马晶伟,等.餐厨垃圾废水预处理发酵回收溶解性碳源的研究[J].中国给水排水,2021,37(17):1-8.

[27]宋新新,刘杰,林甲,等.碳中和时代下我国能量自给型污水处理厂发展方向及工程实践[J].环境科学学报,2022,42(4):53-63.

[28]ZHANG X Y, LIU Y. Circular economy is game-changing municipal wastewater treatment technology towards energy and carbon neutrality[J]. Chemical Engineering Journal, 2022, 429: 132114.

[29]BORZOOEI S, CAMPO G, CERUTTI A, et al. Feasibility analysis for reduction of carbon footprint in a wastewater treatment plant[J]. Journal of Cleaner Production, 2020, 271: 122526.

[30]郝晓地,方晓敏,李季,等.污水碳中和运行潜能分析[J].中国给水排水,2018,34(10):11-16.

[31]POBLETE I B S, ARAÚJO O Q F, DE MEDEIROS J L. Sewage-water

treatment with bio-energy production and carbon capture and storage[J]. Chemosphere, 2022, 286(Pt 2): 131763.

[32] 曹业始, ABEGGLEN Christian, 刘智晓, 等. 改造当前国内污水管网需要综合考虑的四个因素[J]. 给水排水, 2021, 47(8): 125-137.

[33] Sarpong G, Gude V G. Codigestion and combined heat and power systems energize wastewater treatment plants-analysis and case studies[J]. Renewable and Sustainable Energy Reviews, 2021, 144: 110937.

[34] SANCHO I, LOPEZ-PALAU S, ARESPACOCHAGA N, et al. New concepts on carbon redirection in wastewater treatment plants: A review [J]. The Science of the Total Environment, 2019, 647: 1373-1384.

[35] WAN J F, GU J, ZHAO Q, et al. COD capture: A feasible option towards energy self-sufficient domestic wastewater treatment[J]. Scientific Reports, 2016, 6: 25054.

[36] 胡艳麟, 朱齐艳.《IPCC2006 年国家温室气体清单指南》(2019 年修订版)废弃物卷修订浅析[J]. 低碳世界, 2021, 11(9): 49-50.

[37] EUSEBI A L, CINGOLANI D, SPINELLI M, et al. Dinitrogen oxide (N_2O) emission in the treatment of urban wastewater via nitrite: Influence of liquid kinetic rates[J]. Water Science and Technology, 2016, 74(12): 2784-2794.

[38] RODRIGUEZ-CABALLERO A, AYMERICH I, MARQUES R, et al. Minimizing N_2O emissions and carbon footprint on a full-scale activated sludge sequencing batch reactor[J]. Water Research, 2015, 71: 1-10.

[39] GARRIDO-BASERBA M, MOLINOS-SENANTE M, ABELLEIRA-PEREIRA J M, et al. Selecting sewage sludge treatment alternatives in modern wastewater treatment plants using environmental decision support systems[J]. Journal of Cleaner Production, 2015, 107: 410-419.

[40] 次瀚林, 王先恺, 董滨. 不同污泥干化焚烧技术路线全链条碳足迹分析

[J].净水技术，2021，40（6）：77-82.

[41]王丽,刘丽红,陈明月,等.污水处理智能控制技术及其在精准曝气中的应用[J].净水技术,2022,41（S1）:1-7+19

[42]ROBESCU L D, BONCESCU C, BONDREA D A, et al. Impact of wastewater treatment plant technology on power consumption and carbon footprint [C]//2019 International Conference on ENERGY and ENVIRONMENT (CIEM). Timisoara, Romania. IEEE, 2019：524-528.

[43]BAGHERZADEH F, NOURI A S, MEHRANI M J, et al. Prediction of energy consumption and evaluation of affecting factors in a full-scale WWTP using a machine learning approach [J]. Process Safety and Environmental Protection, 2021, 154：458-466.

[44]吕燕.污水源热泵技术在上海市区某污水处理厂的节能潜力测算[J].净水技术,2018,37（S1）:146-148.

[45]MCCARTY P L, BAE J, KIM J. Domestic wastewater treatment as a net energy producer：Can this be achieved? [J]. Environmental Science & Technology, 2011, 45（17）：7100-7106.

[46]MACINTOSH C, ASTALS S, SEMBERA C, et al. Successful strategies for increasing energy self-sufficiency at Grüneck wastewater treatment plant in Germany by food waste co-digestion and improved aeration[J]. Applied Energy, 2019, 242：797-808.

[47]刘文博. 不同城市污水处理工艺中非二氧化碳温室气体的产生与释放[D]. 西安：西安建筑科技大学, 2013.

[48]郝晓地，李季，曹达啟. 污水处理碳中和运行需要污泥增量[J]. 中国给水排水, 2016, 32（12）：1-6.

[49]MASUDA S, OTOMO S, MARUO C, et al. Contribution of dissolved N_2O in total N_2O emission from sewage treatment plant [J]. Chemosphere,

2018, 212: 821-827.

[50] BADETI U, PATHAK N K, VOLPIN F, et al. Impact of source-separation of urine on effluent quality, energy consumption and greenhouse gas emissions of a decentralized wastewater treatment plant[J]. Process Safety and Environmental Protection, 2021, 150: 298-304.

[51] LAW Y, NI B J, LANT P, et al. N_2O production rate of an enriched ammonia-oxidising bacteria culture exponentially correlates to its ammonia oxidation rate[J]. Water Research, 2012, 46(10): 3409-3419.

[52] DUAN H R, YE L, ERLER D, et al. Quantifying nitrous oxide production pathways in wastewater treatment systems using isotope technology-A critical review[J]. Water Research, 2017, 122: 96-113.

[53] VASILAKI V, MASSARA T M, STANCHEV P, et al. A decade of nitrous oxide (N_2O) monitoring in full-scale wastewater treatment processes: A critical review[J]. Water Research, 2019, 161: 392-412.

[54] OKABE S, OSHIKI M, TAKAHASHI Y, et al. N_2O emission from a partial nitrification-anammox process and identification of a key biological process of N_2O emission from anammox granules[J]. Water Research, 2011, 45(19): 6461-6470.

[55] 陈虎, 王莹, 吕永康. 污水微生物脱氮过程中 N_2O 产生机理及影响因素研究进展[J]. 化工进展, 2016, 35(12): 4020-4025.

[56] 戴晓虎, 张辰, 章林伟, 等. 碳中和背景下污泥处理处置与资源化发展方向思考[J]. 给水排水, 2021, 47(3): 1-5.

[57] 王琳, 李德彬, 刘子为, 等. 污泥处理处置路径碳排放分析[J]. 中国环境科学, 2022, 42(5): 2404-2412.

[58] FARAGÒ M, DAMGAARD A, MADSEN J A, et al. From wastewater treatment to water resource recovery: Environmental and economic impacts

of full-scale implementation[J]. Water Research, 2021, 204: 117554.

[59] WANG X, DAIGGER G, LEE D J, et al. Evolving wastewater infrastructure paradigm to enhance harmony with nature [J]. Science Advances, 2018, 4(8): eaaq0210.

[60] WANG X, MCCARTY P L, LIU J X, et al. Probabilistic evaluation of integrating resource recovery into wastewater treatment to improve environmental sustainability[J]. Proceedings of the National Academy of Sciences of the United States of America, 2015, 112(5): 1630-1635.

[61] 樊杰, 陈威, 周传辉. 污水源热泵用于城市污水处理厂污泥干化分析 [J]. 能源与节能, 2013(2): 62-64.

[62] 张佳星, 王小健, 王宏. 污水源热泵结合水蓄能能源系统区域供能应用 [J]. 节能与环保, 2022(5): 82-84.

[63] 常纪文, 井媛媛, 耿瑜, 等. 推进市政污水处理行业低碳转型, 助力碳 达峰、碳中和[J]. 中国环保产业, 2021(6): 9-17.

[64] LIU Y, LIN R J, REN J Z. Developing a life cycle composite footprint index for sustainability prioritization of sludge-to-energy alternatives[J]. Journal of Cleaner Production, 2021, 281: 124885.

[65] 程豪. 碳排放怎么算:《2006 年 IPCC 国家温室气体清单指南》[J]. 中 国统计, 2014(11): 28-30.

[66] 郭恰. IPCC 污泥碳排放核算模型中 DOC 取值的不足与修正[J]. 中国 给水排水, 2020, 36(16): 49-53.

[67] WANG H T, YANG Y, KELLER A A, et al. Comparative analysis of energy intensity and carbon emissions in wastewater treatment in USA, Germany, China and South Africa[J]. Applied Energy, 2016, 184: 873-881.

[68] SZATYLOWICZ E, SKOCZKO I. Magnetic field usage for the removal of iron by filtration-assisted different filter materials [C]//Innovations-Sustainability-

Modernity-Openness Conference (ISMO' 19). Basel Switzerland：MDPI, 2019, 87(1)：6.

[69]MAKTABIFARD M, ZABOROWSKA E, MAKINIA J. Energy neutrality versus carbon footprint minimization in municipal wastewater treatment plants［J］. Bioresource Technology, 2020, 300：122647.

[70]郑思伟, 唐伟, 闫兰玲, 等. 城镇污水处理厂污染物去除协同控制温室气体的核算及排放特征研究［J］. 环境污染与防治, 2019, 41(5)：556-559.

[71]XI J R, GONG H, ZHANG Y J, et al. The evaluation of GHG emissions from Shanghai municipal wastewater treatment plants based on IPCC and operational data integrated methods (ODIM)［J］. The Science of the Total Environment, 2021, 797：148967.

[72]DELRE A, TEN HOEVE M, SCHEUTZ C. Site-specific carbon footprints of Scandinavian wastewater treatment plants, using the life cycle assessment approach［J］. Journal of Cleaner Production, 2019, 211：1001-1014.

[73]中国城镇供水排水协会组织. 城镇水务系统碳核算与减排路径技术指南［M］. 北京：中国建筑工业出版社, 2022.

[74]YOSHIDA H, MØNSTER J, SCHEUTZ C. Plant-integrated measurement of greenhouse gas emissions from a municipal wastewater treatment plant［J］. Water Research, 2014, 61：108-118.

[75]谢强,杨崴,邹芳睿.国内外基于 CCER 的碳交易方法学及其应用初探［J］.建设科技,2022(Z1)：85-89.

[76]石春力, 田永英, 黄海伟, 等. 我国城镇污水处理碳排放核算方法研究综述［J］. 建设科技, 2021(11)：39-43.

[77]MARNER S T, SCHRÖTER D, JARDIN N. Towards energy neutrality by

optimising the activated sludge process of the WWTP Bochum-Ölbachtal [J]. Water Science and Technology: a Journal of the International Association on Water Pollution Research, 2016, 73(12): 3057-3063.

[78]杨世琪. 城镇污水处理系统碳核算方法与模型研究[D]. 重庆: 重庆大学, 2013.

[79]SWEETAPPLE C, FU G T, BUTLER D. Identifying sensitive sources and key control handles for the reduction of greenhouse gas emissions from wastewater treatment[J]. Water Research, 2014, 62: 249-259.

[80]SHI X, YAO Y, ZHAO N, et al. Characteristics of flow regime adjustment enhancing carbon source recovery in activated primary sedimentation tank [J]. Chemosphere, 2020, 251: 126405.

[81]张自杰. 排水工程(下册)[M]. 4 版. 北京: 中国建筑工业出版社, 2000.

[82]龙腾锐, 周健. AB 法 A 段工艺的机理探讨[J]. 中国给水排水, 2002, 18(9): 20-22.

[83]柴宏祥, 杨世琪, 何强, 等. 污水生物处理脱氮工艺的温室气体排放比较[J]. 给水排水, 2014, 40(7): 129-134.

[84]罗博, 黄安寿, 陈海龙. 短程硝化反硝化氨氮脱除技术研究进展[J]. 环境与发展, 2020, 32(1): 130-131.

[85]贾艳萍, 贾心倩, 刘印, 等. 同步硝化反硝化脱氮机理及影响因素研究[J]. 东北电力大学学报, 2013, 33(4): 22-26.

[86]杜睿, 彭永臻. 城市污水生物脱氮技术变革: 厌氧氨氧化的研究与实践新进展[J]. 中国科学(技术科学), 2022, 52(3): 389-402.

[87]乔昕, 王博, 郭媛媛, 等. 羟胺对氨氧化菌和亚硝酸盐氧化菌的竞争性选择[J]. 环境科学, 2020, 41(8): 3765-3772.

[88]YU H, TIAN Z Y, ZUO J E, et al. Enhanced nitrite accumulation under

mainstream conditions by a combination of free ammonia-based sludge treatment and low dissolved oxygen: Reactor performance and microbiome analysis[J]. RSC Advances, 2020, 10(4): 2049-2059.

[89] THAKUR I S, MEDHI K. Nitrification and denitrification processes for mitigation of nitrous oxide from waste water treatment plants for biovalorization: Challenges and opportunities[J]. Bioresource Technology, 2019, 282: 502-513.

[90] 何德明, 尹志轩, 刘长青, 等. 生物脱氮工艺过程中 N_2O 的释放机理及减排影响因素研究进展[J]. 环境污染与防治, 2021, 43(8): 1054-1061.

[91] 杨庆, 杨玉兵, 杨忠启, 等. 溶解氧对短程硝化稳定性及功能菌群的影响[J]. 中国环境科学, 2018, 38(9): 3328-3334.

[92] OKABE S, OSHIKI M, TAKAHASHI Y, et al. N_2O emission from a partial nitrification-anammox process and identification of a key biological process of N_2O emission from anammox granules[J]. Water Research, 2011, 45(19): 6461-6470.

[93] 刘国华, 庞毓敏, 范强, 等. 不同碳源条件下污水生物脱氮过程中 N_2O 的释放规律[J]. 环境保护科学, 2016, 42(1): 90-94.

[94] LI H, FENG K. Life cycle assessment of the environmental impacts and energy efficiency of an integration of sludge anaerobic digestion and pyrolysis[J]. Journal of Cleaner Production, 2018, 195: 476-485.

[95] MAYER F, BHANDARI R, GÄTH S A. Life cycle assessment of prospective sewage sludge treatment paths in Germany[J]. Journal of Environmental Management, 2021, 290: 112557.

[96] LARSEN T A. CO_2-neutral wastewater treatment plants or robust, climate-friendly wastewater management? A systems perspective[J]. Water Research, 2015, 87: 513-521.

[97]郝晓地,王向阳,曹达啟,等. 污水有机物中化石碳排放 CO_2 辨析[J]. 中国给水排水,2018,34(2):13-17.

[98]李盼,杨晨,陈雯,等. 压缩空气储能系统动态特性及其调节系统[J]. 中国电机工程学报,2020,40(7):2295-2305.

[99]陈海生,李泓,马文涛,等. 2021 年中国储能技术研究进展[J]. 储能科学与技术,2022,11(3):1052-1076.

[100]Virtual Power Plant(VPP)Market 2018 Global Industry-Key Players,Size,Trends,Opportunities,Growth-Analysis to 2023[J]. M2 Presswire,2018.

[101]张贤,李凯,马乔,等. 碳中和目标下 CCUS 技术发展定位与展望[J]. 中国人口·资源与环境,2021,31(9):29-33.